FISS
FEUERWEHR
MAN
LASTA
FISS
FEUERWEHR
122

Verlag Podszun-Motorbücher GmbH
Elisabethstraße 23-25, D-59929 Brilon
Internet: www.podszun-verlag.de
E-Mail: info@podszun-verlag.de

Herstellung: LUC Medienhaus, Greven

ISBN 978-3-7516-1037-7

Bildnachweis:
Christopher Benkert, Neunkirchen/Saar (cdb) | Herbert Breuer, Tübingen (heb)
Thomas Brügger, Elgg (Schweiz) (thb) | Lyndon Dennis, Kapstadt (Südafrika) (lyd)
Klaus Fischer, Ottobrunn (klf) | Stefan Fleischer, Berlin (stf)
Walter Friebel †, Köln (wfr) | Klausmartin Friedrich, Rotenburg/Wümme (kmf)
Andrew Henry, Grimsby (England) (ahe) | Olaf Huth, Hamburg (ohu)
Axel Johanßen, Gummersbach (ajo) | Richard Jud, Abu Dhabi (VAE) (rju)
Bernd Kirstein, Mainz (bki) | Michael Klusemann, Goch (mkl) | Klaus Lamm, Berlin (kla)
Max Lohrmann, Augsburg (mlo) | Thomas Lunte, Wien (Österreich) (thl)
Gottfried Mayer, Augsburg (gma) | Bernd Ossendorf, Filderstadt (bos)
Antonio Pina, Vila Franca de Xira (Portugal) (api) | Tibor Roka, Hohenwestedt (tro)
Stephan Roth, Feucht (sro) | Steven Schueler, Black Forest (Australien) (sts)
Erik Schwartz, Wemeldinge (Niederlande) (ers) | Hans-Jürgen Stiehl, Frankfurt (hjs)
André Steich, Hagen (ast) | Roman Tschanz, Goldach (Schweiz) (rst)
Jens Weber, Ginsheim-Gustavsburg (jwe) | Olaf Wilke, Mainz (owi) | Markus Zemsch, Naila (mze)
DVD Žrnovnica (Kroatien; via Ziegler) (dvdz)

sowie von den Firmen
Albert Ziegler GmbH, Giengen (zie)
MAN Truck & Bus SE, München (man)
MAN Truck & Bus France, Evry (Frankreich (manf)
MAN Energy Solutions SE, Augsburg (manes)
Rosenbauer International, Leonding (Österreich) (rbi)

KLAUS FISCHER

FEUERWEHR FAHRZEUGE AUF MAN 2

Liebe Leserin, lieber Leser!

Wer die Quizfrage „Was bedeuten die drei Buchstaben MAN“ mit München – Augsburg – Nürnberg beantwortet, hat leider verloren. Wer die Geschichte vom MAN Lastwagenbau ab Seite 24 liest, wird entdecken, dass der heutige Firmensitz erst seit wenigen Jahrzehnten in München ist. Die richtige Antwort heißt: „Maschinenfabrik Augsburg Nürnberg“.

In dieser 2. Ausgabe von „Feuerwehrfahrzeuge auf MAN“ spielt der Buchstabe A eine ganz besondere Rolle. Drei Beiträge spielen in Augsburg. Bei der Berufsfeuerwehr lief eine einzigartige Drehleiter, wie ein schöner Fund in der Bilderkiste auf Seite 124 zeigt. Die Beschaffung von 12 LF 10 für Freiwillige Feuerwehren zog ihre Spur ausgehend von Augsburg quer durch Bayern. Wie vier Gemeinden und Städte davon profitierten, erläutert der Beitrag auf Seite 90. Diesel und MAN sind zwei eng verbundene Namen. Dabei spielte das MAN Werk in Augsburg eine zentrale Rolle. Ihre Werkfeuerwehr stellen wir Ihnen ab Seite 102 vor.

Auf der Weltleitmesse INTERSCHUTZ 2022 präsentieren Aufbauhersteller dem internationalen Fachpublikum Einsatzfahrzeuge auf der neuen Truck Generation. Diese hat das erste Kapitel zum Inhalt. „Ein neuer Spieler auf dem Feld“ titelte ich bei der Vorstellung der MAN TGE im Band 1 vor zwei Jahren. Hier finden Sie nun zwei Porträts von TGE. Es gibt Einsatzfahrzeuge, bei denen schlagen die Herzen der Fans schneller. Flughafenlöschfahrzeuge gehören dazu, und wenn sie – wie in zwei Beträgen – auf hochgeländegängigen MAN Fahrgestellen aufgebaut sind, dann schlägt das Herz noch schneller. Und zum Abschluss erinnern wir an die Baureihe F90, denn damit startete MAN im Feuerwehrmarkt international durch.

Die Internationalität der INTERSCHUTZ 2022 ist der Grund, warum das Buch zweisprachig in deutsch und englisch konzipiert wurde. Hier möchte ich mich ganz herzlich beim Feuerwehrfahrzeugfotografen Andrew Henry bedanken. Als Lehrer im Ruhestand und frühere Führungskraft in einer englischen Feuerwehr kümmerte er sich um die fachlich zutreffenden englischen Formulierungen.

Ebenfalls danke ich allen Freunden und Feuerwehrkameraden, die gerne ihre schönsten Fotos zur Verfügung stellten oder bei Fototerminen die Fahrzeuge ins rechte Licht und vor schönem Hintergrund positionierten und ausführliche Informationen für die Texte lieferten.

Ihr Klaus Fischer

Klaus Fischer, Jahrgang 1962, Diplom-Geograph und Medienreferent aus Ottobrunn.
Er fotografiert und schreibt seit den 1980er Jahren im Hobby für Feuerwehrfachzeitschriften und verfasste mehrere Bücher über Feuerwehrfahrzeuge, einige davon im Podszun-Verlag.
In der Führung der Freiwilligen Feuerwehr Ottobrunn liegen die Schwerpunkte des Hauptlöschmeisters auf Öffentlichkeitsarbeit und Gefahrgut. Zudem amtiert er seit Jahrzehnten als Schriftführer des Feuerwehrvereins.

Dear Reader!

Whoever answers the quiz question "What do the three letters MAN mean" with Munich - Augsburg - Nuremberg has unfortunately lost. If you read the history of MAN trucks from page 24 onwards, you will discover that the current company headquarters have only been in Munich for a few decades. The correct answer is: "Maschinenfabrik Augsburg Nürnberg".

In this 2nd issue of Fire Trucks on MAN, the A plays a very special role. Three articles are set in Augsburg. A unique turntable ladder was running at the professional fire brigade, as a nice find in the picture box on page 124 shows. The purchase of 12 LF 10s for volunteer fire brigades made its way across Bavaria starting in

Augsburg. The article on page 90 explains how four communities and towns ultimately benefited. Diesel and MAN are two closely linked names. The MAN plant in Augsburg plays a central role. We introduce you to its works fire brigade.

At INTERSCHUTZ 2022 body builders will be presenting appliances on the new truck generation. This is the first chapter. "A new player on the field" was my headline when I introduced the MAN TGE in Volume 1 of this book series published two years ago. Here you will now find two portraits of TGEs. There are emergency vehicles that make fans' hearts beat faster. Airport fire-fighting vehicles are one of them, and when they are built on the high-terrain MAN chassis KAT and SX, the heart beats even faster. And finally, we remember the F90 series, because with her MAN took off internationally in the fire-fighting market.

The international character of INTERSCHUTZ 2022 is the reason why the book was conceived bilingually german - english. Here I would like to thank the fire engine photographer Andrew Henry. As a retired teacher and former part time officer of a fire station in Humberside he took care of the correct English wording.

I also thank all friends and firefighter who gladly provided their most beautiful photos or positioned the vehicles at the photos sessions and provided detailed information for the texts.

Yours, Klaus Fischer

Klaus Fischer, born 1962, geographer and media consultant from Ottobrunn.
He has been taking photographs and writing in his hobby for fire fighting journals since the 1980s and has written several books on fire engines, some of them published by Podszun-Verlag.
In his Ottobrunn Voluntary Fire Brigade, his main focus as an officer is on public relations and haz mat. In addition, he has been acting as secretary of the local fire brigade association for decades.

Die hessische Gemeinde Kalbach beschaffte in den letzten Jahren drei MAN TGM für ihre Feuerwehren. Von links (stf): The Hessian municipality of Kalbach has purchased three MAN TGM for its fire brigades in recent years. From left:
LF 10 | FF Niederkalbach | MAN TGM 13.250 4x4 BL | Schlingmann | 2020 | 1200 W
StLF 20/25 | FF Mittelkalbach | MAN TGM 13.290 4x4 BL | Lentner | 2020 | 3500 W 120 S
HLF 20 | FF Mittelkalbach | MAN TGM 13.290 4x4 BL | Lentner | 2016 | 1600 W 200 S

1.36.3
MAN
IN FW 1363

NEUE MAN LÖWEN AM START

Den neuen MAN erkennt man gleich als MAN. Sein unverwechselbares Gesicht haben die Designer behutsam weiterentwickelt. Der Löwe sitzt weiterhin mittig in der silbernen Chromspange und der Schriftzug MAN dominant in der Mitte der Grillplatte. Diese erstreckt sich nun weiter runter bis sie auf die Stoßstange trifft. Bei der Fensterunterkante der Fahrerhaustüren fällt die sanft geschwungene Linienführung auf. Und bei den langen Kabinen erinnern die spitzen Rippen an Krallenspuren des Löwen. Diese lösen die wellenförmige Strukturierung der Seitenwand in Höhe der Seitenscheibe ab. Umgewöhnen muss man sich nicht in der Produktwelt der MAN-Lastwagen. TGL bleibt TGL. Bei TGM, TGS und TGX ist es genauso.
Am 10. Februar 2020 war es soweit. Im Hafen der nordspanischen Stadt Bilbao enthüllte MAN seine neue Truck Generation. Das war die größte Produkterneuerung nach 20 Jahren für den Münchner Nutzfahrzeughersteller. Zum Beginn lag der Schwerpunkt auf dem MAN TGX für den Fernverkehr. Bis Mitte 2021 stellte MAN das gesamte Produktportfolio auf die neuen Baureihen um. Ab Herbst 2020 präsentierten Aufbauhersteller ihre Feuerwehrfahrzeuge auf den neuen MAN TGL und MAN TGM. Im zweiten Halbjahr 2021 zogen die ersten Feuerwehrfahrzeuge auf der neuen Basis in die Gerätehäuser ein.

Das Fahrerhaus – der Maschinist im Fokus

Neu klingen die Bezeichnungen für die Fahrerhäuser. Das Kompaktfahrerhaus der Baureihen TGL und TGM heißt nun CC, die längere Ausführung mit viel Stauraum hinter den Sitzen TN. Kombiniert man diese noch mit einem Hochdach, dann ist es TM. Die viertürige Doppelkabine DN bietet weiterhin einer Staffel aus sechs Einsatzkräften Platz. Auch eine Mannschaftskabine für die Gruppe aus neun Einsatzkräften hat MAN im Portfolio. Die Baureihe MAN TGS startet mit NN, dem Nahverkehrsfahrerhaus. Auch hier heißt die längere Ausführung mit niedrigem Dach TN, mit hohem Dach ebenfalls TM. Passend zum Verwendungszweck ist der Innenraum im schmutzunempfindlichen Farbton namens „Moon Grey“ ausgeführt. Der Vollständigkeit halber die drei Kabinenvarianten bei der im Feuerwehrdienst selten anzutreffenden Baureihe MAN TGX: mit Flachdach GN, mit höherem Dach GM und das Top of the Range-Modell mit der größten Kabinenhöhe GX. Weiterhin gibt es von MAN Individual die Verlängerung des CC-Fahrerhauses um 285 Millimeter für mehr Platz, beispielsweise zum Einbau von Sitzen mit integriertem Atemschutzgerät. Die Montage eines Flachdaches steht oft bei Hubrettungsfahrzeugen an, um den Leitersatz oder Teleskopmast über der Kabine abzulegen und die Vorgaben der Norm zur Fahrzeughöhe einzuhalten. Viele Aufbauhersteller docken ihren Mannschaftsraum am CC-Fahrerhaus an. MAN bietet einen großflächigen, nach der Crashsicherheitsnorm ECE R29-3 geprüften Ausschnitt aus der Fahrerhausrückwand an, der 1753 mm breit und 750 mm hoch ist. Das erleichtert sehr den Kontakt zwischen dem Fahrzeugführer vorne und der hinten sitzenden Mannschaft.

Noch ein Blick außen auf die Lichtanlage. LED-Scheinwerfer, die anstelle von H7 geordert werden können, bieten eine breitere Lichtverteilung und größere Reichweite. Denn bessere Sicht bedeutet mehr Sicherheit. Die geschwungene LED-Lichtleiste für das Tagfahrlicht und den Blinker betont das Erscheinungsbild der Frontscheinwerfer und damit die neue MAN Truck Generation.

Sicheres Ein- und Aussteigen ist für Einsatzkräfte wichtig, weil sie das oft und meistens unter Zeitdruck machen. Die Türen öffnen rechtwinklig. Breite treppenartig angeordnete Stufen mit rutschsicherer Oberfläche sowie lange Haltegriffe ermöglichen einen ergonomisch geraden Ein- und Ausstieg. In der Parkposition kann man das Lenkrad waagerecht nach vorne wegklappen, das gibt den Platz vor dem Fahrersitz frei. Mit einem Knopfdruck lässt sich das Lenkrad in die zum Fahren passende Position schwenken. Das erleichtert die Einstellung bei häufigem Maschinistenwechsel. Die neu entwickelte Sitzgeneration weist einen großen Einstellbereich auf: in der Höhe 12 Zentimeter, in der Länge 23 cm, das sind fünf Zentimeter mehr als zuvor. Im Lieferprogramm ist ein Mittelsitz für die aus drei Einsatzkräften bestehende Truppbesatzung enthalten.

In der Innenseite der Fahrertür steckt ein praktisches und hilfreiches Feature: Easy Control nennt MAN das Bedienfeld mit vier Tasten. Lästiges in die Kabine Klettern oder sich vom Einstieg aus mühsam nach dem Schalter strecken, das entfällt für den Maschinisten. Zwei der Tasten kann die MAN Fachwerkstatt aus einer Auswahl an Funktionen belegen. Dazu gehören Aktivierung Nebenabtrieb, Rundumkennleuchten, Ladeflächenbeleuchtung, Arbeitsscheinwerfer oder Freigabe der Ladebordwand. Die dritte Taste ist werksseitig bereits für Motor Start/Stop oder das Schließen von Fenstern und Schiebedach zuständig. Die vierte Taste ist immer für den Warnblinker reserviert.

Innen fällt das komplett neu gestaltete Bedienkonzept auf. Den Fahrer hat MAN konsequent in den Mittelpunkt seiner Entwicklung gestellt. Dabei flossen die Erkenntnisse aus Umfragen bei mehr als 700 Fahrern und über 300 Unternehmern aus 16 Ländern ein. Ohne die Hände vom Lenkrad zu nehmen, bedient der Maschinist die Getriebesteuerung, Dauerbremse und die Fahrprogrammauswahl in einem Lenkstockhebel. Ein Tasterfeld aktiviert das Allrad- und Sperrenmanagement. Rechts oberhalb vom Lenkrad befindet sich der große Schalter für die optional erhältliche elektrische Feststellbremse. Diese Parkbremse aktiviert sich automatisch beim Abstellen des Fahrzeuges und löst sich beim Anfahren.

Die klare Gliederung des Cockpits in eine nahe Bedien- und eine ferne Ableseebene unterstützt die Konzentration des Maschinisten auf das Verkehrsgeschehen um ihn herum, insbesondere bei der Einsatzfahrt. Griffgünstig sind Lenkrad, Bedienelemente und Taster angeordnet. Weiter entfernt liegen die Anzeigen und Displays. Das erleichtert die Anpassung der Augen beim Wechsel von der Fernsicht auf den Straßenverkehr zur Ableseebene mit den Instrumenten. Als Kombiinstrument gibt es die Version Basic in klassischem Design mit zwei großen analogen Rundinstrumenten für Geschwindigkeit und Drehzahl mit einem dazwischen liegenden 5“-Farbdisplay. Die Professional-Ausführung hat ein 12,3“ großes Farbdisplay, das Informationen vermittelt zu Fahrzeugzustand, Infotainment, Navigation und den Assistenzsystemen. Weiter rechts im leicht zum Maschinisten angewinkelten Cockpit hat das neue MAN Mediasystem seinen Platz. Seine Bedienung erfolgt über einen Micro-Dreh-Drücksteller. Die Displays sind je nach Wahl 7“ oder 12,3“ groß.

Vier Baureihen – den Einsatzzweck im Fokus

Unverändert bleibt die bekannte Gliederung in vier Baureihen: Der neue MAN TGL deckt den Bereich von 7,5 bis 12 Tonnen ab. Ausschließlich in 4x2-Versionen erhältlich, eignet er sich bei der Feuerwehr als Tragkraftspritzenfahrzeug (TSF-W, TSF-L), Mittleres Löschfahrzeug (MLF), Löschgruppenfahrzeug (LF 10, HLF 10) und Gerätewagen aller Arten. Daran knüpft direkt der neue MAN TGM an von 12 bis 18 Tonnen als Zweiachser und als 26-Tonner mit drei Achsen. Der TGM kommt als Zweiachser mit Straßen- und Allradantrieb bei den Feuerwehren fast weltweit auf die größte Verbreitung in Anzahl und Varianten. Löschgruppenfahrzeuge (LF 10 / LF 20, HLF 10 / HLF 20, LF-KatS), Tanklöschfahrzeuge (TLF 2000 bis TLF 4000), Hubrettungsfahrzeuge (Drehleitern und Teleskopmaste), Gerätewagen aller Art (wie GW-L 2) und Rüstwagen sind die gängigsten Vertreter der genormten Feuerwehrfahrzeugtypen in Deutschland. Feuerwehren, die auf Wendigkeit besonderen Wert legen, können den MAN TGM mit Hinterachszusatzlenkung bestellen – eine Ausstattung, die besonders bei Drehleitern angefragt wird. Beim neuen MAN TGS von 18 bis 41 Tonnen zulässigem Gesamtgewicht liegt wie bisher der Fokus auf schwere Anwendungen, wie Tanklöschfahrzeuge (TLF 4000) und Sonderlöschfahrzeuge, Teleskopmaste hoher Reichweite oder Wechselladerfahrzeuge. Diese Baureihe weist die größte Variantenvielfalt von zwei bis fünf Achsen auf. Ergänzend zum Straßen- und Allradantrieb führt MAN HydroDrive im Angebot. Der hydrostatische Antrieb in der Vorderachse ist erste Wahl, wenn das Fahrzeug überwiegend auf befestigter Straße bewegt wird und zusätzliche Traktion nur selten benötigt wird. Oft rüsten Feuerwehren ihre Wechselladerfahrzeuge damit aus. Der MAN TGX, dessen Revier Fernverkehr lautet, findet sich selten bei den Feuerwehren, am häufigsten jedoch als Wechselladerfahrzeug.

MAN TGM und TGS im neuen Gewand: Links ein MAN TGM 16.320 4x4 BL als HLF 20 von Rosenbauer, rechts ein MAN TGS 26.470 6x4H-4 mit MAN HydroDrive und TN-Kabine als WLF von Palfinger. (man)
MAN TGM and TGS in a new livery: On the left a MAN TGM 16.320 4x4 BL as HLF 20 from Rosenbauer, on the right a MAN TGS 26.470 6x4H-4 with MAN HydroDrive and TN cab as skip-loader from Palfinger.

Einer der ersten neuen MAN bei Feuerwehren in Deutschland war das von der Firma Furtner & Ammer aufgebaute TSF-W der FF Kleingesee auf MAN TGL 8.190 4x2 BB mit Doppelkabine DN und zulässigem Gesamtgewicht von 7,49 Tonnen. (klf)
One of the first new MAN used by fire brigades in Germany was the TSF-W built by Furtner & Ammer for Kleingesee volunteer fire brigade on MAN TGL 8.190 4x2 BB with double cab DN and a permissible total weight of 7.49 tonnes.

Mehr Power für den TGM – die Einsatzfahrt im Fokus

Die MAN-Motorenbaureihe D08 treibt den TGL und TGM an. Der Vierzylinder mit 4,6 Liter Hubraum leistet in der aktuellen Euro 6-Ausführung 160 PS, 190 PS oder 220 PS und kommt ausschließlich im MAN TGL zum Einbau. Der Sechszylinder mit 6,9 Liter Hubraum stellt in der kleinsten Variante mit 250 PS die Topmotorisierung der TGL-Baureihe dar und zugleich die Einstiegsleistung für den MAN TGM. Die weiteren Leistungsstufen lauten 290 PS und 320 PS. Neu – aber ausschließlich für Einsatzfahrzeuge – ist, dass nun auch TGM ab 13 Tonnen Gesamtgewicht den 320 PS starken Motor in Behördenausführung erhalten. Löschgruppenfahrzeuge, Geräte- und Rüstwagen sowie Drehleitern der Massenklassen M II (bis 14 Tonnen Gesamtmasse) und M III (14 bis 16 Tonnen Gesamtmasse) profitieren davon. Den MAN TGS treiben je nach Leistungsbereich zwei Motorenbaureihen an. Der 2019 vorgestellte, neu entwickelte D15-Sechszylinder-Motor mit 9,0 Litern Hubraum deckt das Leistungsspektrum von 330 PS über 360 PS bis 400 PS ab. Der ebenfalls 2019 vollständig überarbeitete, 12,4 Liter große Sechszylinder D26 bietet 430 PS, 470 PS und 510 PS.

Die zweite Komponente eines wirkungsvollen Antriebsstranges ist das Getriebe. Auf breiter Front hat sich das automatisierte Schaltgetriebe MAN TipMatic durchgesetzt: für die Vierzylinder im TGL gibt es 6-Gang-Varianten, für die Sechszylinder im TGM und TGS sind es 12-Gang-Getriebe. Der Drehschalter für die Programmwahl befindet sich nicht mehr neben dem Sitz oder in der Armaturentafel. Die Bedienung erfolgt nun griffgünstig am rechten Lenkstockhebel. Wie bisher bietet MAN das Fahrprogramm „Emergency" an. Die automatische Gangwahl setzt auf verkürzte Schaltzeiten, höhere Schaltdrehzahl und eine spezielle Rückschaltlogik beim Abbremsen, um zügig und kraftvoll nach dem Abbiegen oder dem Queren einer Kreuzung zu beschleunigen. Weitere Programme, die der Fahrer ganz bequem nach Bedarf mit einem Drehrad am TipMatic-Lenkstockhebel wählt, können bei Einsatzfahrzeugen je nach Baureihe Offroad, Low Range und Manoeuvre sein. Offroad sorgt leistungsorientiert und drehzahlbetont für ordentliche Durchzugskraft und hohe Motorbremswirkung bei Fahrten abseits befestigter Straßen. Eine Schippe darauf legt Low Range in der Baureihe MAN TGS, das bei Fahrzeugen mit schaltbarem Verteilergetriebe und Geländeuntersetzung aktiviert wird. Bei Manoeuvre kann der Fahrer langsam und punktgenau rangieren.

Spezielle Ausstattungen – die Sicherheit im Fokus

Feuerwehrfahrzeuge bewegen sich im Stadtverkehr und in engen verparkten Straßen, müssen rangieren sowie rückwärts fahren an der Einsatzstelle und auf der Feuerwache. Dabei ergeben sich immer wieder kritische Situationen beim Abbiegen, weil sich Fußgänger, Einsatzkräfte, Radfahrer, Autos oder Hindernisse im toten Winkel befinden. MAN bietet verschiedene Systeme an, die den Maschinisten Überblick und Sicherheit bieten.

Gänzlich auf die gewohnten Spiegel verzichtet das elektronische Spiegelersatzsystem OptiView. Kameras übertragen ihr Bild in die Kabine auf zwei Monitore an den A-Säulen. Der tote Winkel ist passé. Was die Frontkamera im Bereich vor dem Fahrzeug sieht, erscheint im Display des Infotainementsystems.

Das MAN Video-Abbiege-System ergänzt die Spiegel. Eine an der Beifahrerseite der Kabine angebrachte 150°-Weitwinkelkamera liefert ihr Bild auf einen 7"-Monitor an der A-Säule. Beim Blick in die rechten Seiten- und Rampenspiegel hat man zugleich auch den Bildschirm im Blick. Das System aktiviert sich automatisch beim Blinken oder manuell über einen Schalter. Es kann entweder mitbestellt werden oder lässt sich später in der MAN-Werkstatt nachrüsten.

Wie aus der Vogelperspektive bietet BirdView einen Überblick über das Fahrzeug und sein näheres Umfeld, denn die Aufnahmen mehrerer Kameras am Fahrerhaus und am Aufbau werden zu einem Bild auf dem Monitor zusammengefügt.

Europäischer Rundgang

In Deutschland einer der Ersten: Im Juni 2021 lieferte Furtner & Ammer das erste TSF-W auf dem neuen MAN TGL 8.190 4x2 BB an die FF Kleingesee. Der Schwerpunkt dieser Wehr liegt im Verbund der Feuerwehren des Marktes Gößweinstein auf der Atemschutzunterstützung. Deshalb war dem Be-

Empl baute 2021 im Werk Kaltbach (Österreich) ein MLF auf MAN TGL 8.220 4x2 BB für die FF Walchstadt. Wegen der Euro 6-Abgasreinigungsanlage kann der Aufbau am Geräteraum G2 nicht tiefgezogen werden. (klf)

In 2021, Empl built an MLF on a MAN TGL 8.220 4x2 BB for the Walchstadt volunteer fire brigade at the Kaltbach plant (Austria). The new Euro 6 exhaust gas purification system, prevents bodywork in the G2 equipment compartment position.

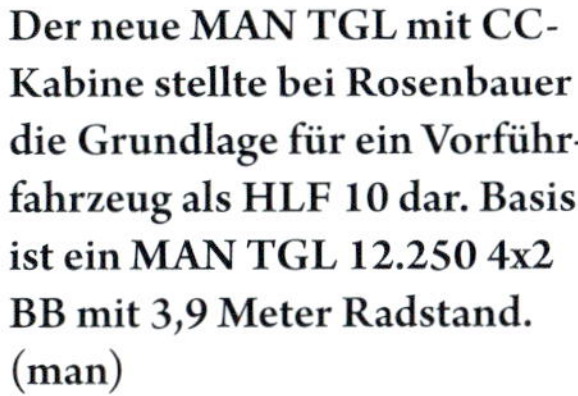

Der neue MAN TGL mit CC-Kabine stellte bei Rosenbauer die Grundlage für ein Vorführfahrzeug als HLF 10 dar. Basis ist ein MAN TGL 12.250 4x2 BB mit 3,9 Meter Radstand. (man)

The new MAN TGL with CC cab formed the basis for a demonstration vehicle a HLF 10 at Rosenbauer. The basis is a MAN TGL 12.250 4x2 BB with a wheelbase of 3.9 metres.

Der neue MAN TGM knüpft an große Verkaufserfolge bei den Feuerwehren an: Dieser MAN TGM 18.320 4x2 BL erhielt bei Rosenbauer einen Aufbau als Hilfeleistungslöschfahrzeug HLF 20. (man)

The new MAN TGM follows on from great sales successes with fire brigades: This MAN TGM 18.320 4x2 BL was given a superstructure by Rosenbauer as an auxiliary fire-fighting vehicle HLF 20.

schaffungsteam eine geräumige Doppelkabine wichtig, in der sich der Angriffstrupp auf der Anfahrt mit Pressluftatmern ausrüsten kann. Das zulässige Gesamtgewicht liegt bei 7490 kg. Die quer im Heck platzierte Tragkraftspritze lässt sich im eingeschobenen Zustand betreiben, weil sie über eine feste Abgasführung nach außen verfügt. Der A-Saugeingang, die B-Füllleitung für den 500 Liter fassenden Tank sowie die beiden B-Druckabgänge liegen außen unterhalb vom Kofferaufbau. Für den Maschinisten montierte Furtner & Ammer im Heck ein kleines Bedienfeld mit Tastern und Wasserstandsanzeige.

In Österreich der Erste: 500 Meter oberhalb vom Inntal und nur über eine serpentinenreiche Landstraße zu erreichen liegt die Sonnenterrasse Serfaus-Fiss-Ladis in Tirol. Die FF Fiss beschaffte in Absprache mit den Nachbarfeuerwehren auf dem Plateau einen allradangetriebenen Lastwagen, in Österreich als LASTA bezeichnet. Für den Material- und Mannschaftstransport sowie den Zug eines 80 kVA-Stromerzeugeranhängers bestellte die Gemeinde im Sommer 2020 einen MAN TGM 13.290 4x4 BL mit Doppelkabine DN, dreiteiligem Stahlstoßfänger mit LED-Scheinwerfern, 3950 mm Radstand, permanentem Allradantrieb und MAN TipMatic mit den Fahrprogrammen Emergency, Efficiency und OffRoad. Den Aufbau mit Platz für neun Rollwägen und die Rettungsplattform sowie eine Bär Cargolift-Ladebordwand mit 2000 kg Hubkraft setzte Rammer Fahrzeugbau in Kufstein auf.

In der Schweiz der Erste: Als die Feuerwehr Appenzell nach einem Ersatz für einen 30-jährigen Unimog als TLF 2000 suchte, war ihr für das gebirgige Einsatzgebiet mit engen Straßen und Wegen Geländetauglichkeit, eine Breite von 2,35 Meter und ein Gesamtgewicht von maximal 14 Tonnen wichtig. Zudem sollte das Fahrzeug neben der Brandbekämpfung auch das Material für die Straßenrettung transportieren. Die Wahl fiel auf einen MAN TGM 13.290 4x4 BL mit permanentem Allradantrieb, gleichgroßer Einzelbereifung, kurzem 3250 mm Radstand und dem CC Fahrerhaus. Der Schweizer Feuerwehrfahrzeughersteller Feumotech setzte den Aufbau aus Aluminium auf und montierte eine FPN 10-3000 von Godiva Typ Prima P1-3010. Zur Beladung gehören ein hydraulischer Rettungssatz mit tragbaren Hydraulikaggregaten, Greifzug, Hebekissen, Säbelsäge, Rettungsplattform, 8 kVA Stromerzeuger und vier Pressluftatmer.

Summary

The new MAN is immediately recognisable as a MAN. The designers have carefully further developed its unmistakable face. The grill plate now extends further down until it meets the bumper. The gently curved lines of the lower edge of the cab doors are striking, and on the long cabs, the pointed ribs are reminiscent of the lion's claw marks. You don't have to get used to anything new in the product world of MAN trucks. TGL remains TGL. It's the same with the TGM, TGS and TGX. On 10 February 2020, MAN unveiled its new truck generation in Bilbao (Spain). At the beginning, the focus was on the MAN TGX for long-haul. By mid-2021, MAN had converted the entire product portfolio to the new series.

The driver's cab – focus on the operator

The designations for the cabs sound new. The compact cab of the TGL and TGM series is now called CC, the longer version with lots of storage space behind the seats TN, combined with a high roof, then it is TM. The four-door crew cab DN offers space for six. There will be also a crew cab for nine firefighters. The MAN TGS series starts with the NN short-haul cab. Here, to, the longer version with a flat roof is called TN and with a high roof TM. Furthermore, MAN Individual offers the extension of the CC cab by 285 millimetres for more space, for example for the installation of seats with integrated breathing apparatus. A flat roof is often required for turntable ladders or telescopic masts in order to comply with the vehicle height standard. Many bodybuilders dock their crew compartment onto the CC cab. MAN offers a large-area cut-out from the rear wall of the cab that is 1753 mm wide and 750 mm high and has been tested in accordance with the ECE R29-3 crash safety standard. This greatly facilitates contact between the driver in the front and the crew seated in the rear.

The doors open at right angles and the steps are wide with a non-slip surface. Firefighters often have to get in and out of the vehicle quickly and therefore focus on safety and comfort. There is a practical feature on the inside of the driver's door: MAN calls the control panel with four buttons Easy Control. There is no need for the operator to climb into the cab or reach for the switch from the entrance. Two of the buttons can be assigned by the MAN workshop. These include power take-off activation, rotating beacons, loading area lighting, working lights or release

Nach dreijähriger Planungs- und Bauphase holte die FF Tiefenbach im Januar 2022 ihr HLF 20 auf MAN TGM 13.320 4x4 BL bei Rosenbauer in Leonding ab. Es hat 2400 Liter Wasser und 120 Liter Schaummittel dabei. (klf)
After three years of planning and construction, the Volunteer fire brigade of Tiefenbach, collected its HLF 20 on a MAN TGM 13.320 4x4 BL from Rosenbauer in Leonding, in January 2022. It carries 2400 litres of water and 120 litres of foam concentrate.

In Frankreich sahen die Besucher des Congrès National des Sapeurs-Pompiers in Marseilles im Oktober 2021 ein TLF auf MAN 15.320 4x2 mit Kabinenverlängerung von Brevet und Aufbau von Gimaex. (bos)
In France, visitors to the Congrès National des Sapeurs-Pompiers in Marseilles in October 2021 saw a Tanker on MAN 15.320 4x2 with cab extension from Brevet and bodywork from Gimaex.

of the tail lift. Two buttons are already assigned at the factory with the hazard warning lights and engine start/stop.

Inside, the completely redesigned operating concept is striking. MAN has consistently placed the driver at the centre. Without taking his hands off the steering wheel, he operates the transmission control, continuous brake and the driving programme selection in a steering column lever. A button panel activates the all-wheel and lock management. To the right above the steering wheel is the large switch for the optionally available electric parking brake. The clear division of the cockpit into a near operating level and a far reading level supports the driver's concentration on the traffic situation, especially when driving to a fire call. The steering wheel, controls and buttons are conveniently located. The indicators and displays are further away. This makes it easier for the eyes to adjust when switching from the distant view of the road traffic to the reading level with the instruments.

Four series - focus on the intended use

The familiar division into four model series remains unchanged:

- MAN TGL: 7.5 – 12 tonnes gross vehicle weight, road drive only, 160 hp to 250 hp.
- MAN TGM: 12 – 18 tonnes as two-axle, 4x2 and 4x4. Available also with steered rear axle. 26 tonnes as three-axle as 6x2 and 6x4. 250 to 320 hp.
- MAN TGS: 18 – 41 tonnes. Two to five axles. Road and four-wheel drive. 330 hp to 510 hp. Optionally available with MAN HydroDrive. The hydrostatic drive in the front axle is the first choice if the vehicle is mainly driven on paved roads and additional traction is rarely needed. Fire brigades often equip their interchangeable loader vehicles with it.
- TGX: 18 – 41 tonnes, two or three axles, road drive only. 330 hp to 640 hp. Its territory is long-distance transport and is therefore rarely found in fire brigades, but most often as an interchangeable loader vehicle.

More power for the TGM - focus on emergency driving

As a novelty, the 320 hp engine is available exclusively for emergency vehicles with a gross vehicle weight from 13 tonnes on in the TGM series. The MAN TipMatic automated gearbox is standard. The rotary switch for programme selection is no longer located next to the seat or in the instrument panel. It is now operated conveniently on the right-hand steering column lever. As before, MAN offers the "Emergency" driving programme. In emergency driving, the automatic gear selection relies on shortened gearshift times, higher gearshift speeds and a special downshift logic when braking in order to accelerate quickly and powerfully after turning or crossing a junction. Other programmes that are useful for fire engines are Offroad and Manoeuvre. Offroad is performance-oriented and rev-driven, providing pulling power and high engine braking effect when driving off paved roads. Manoeuvre is for slow and precise manoeuvring.

Special equipment - safety in focus

Fire engines operate in city traffic and narrow parked streets, have to manoeuvre and reverse at the scene of operations and at the fire station. Again and again, critical situations arise when turning because pedestrians, emergency personnel, cyclists, cars or obstacles are in the blind spot. The MAN OptiView replaces the mirrors and deletes the blind spot. Fire trucks with mirrows could be equipped with MAN video turn-off system. It has a 150° wide-angle camera on the passenger side. The driver sees its image on a 7" monitor on the A-pillar when he looks into the side and ramp mirrors.

Rosenbauer lieferte im November 2021 die zweite DLK 23-12 L32A-XS 3.0 in Deutschland auf dem neuen MAN TGM 15.290 4x2 LL an die FF Pößneck. (mze)

Rosenbauer delivered the second DLK 23-12 L32A-XS 3.0 in Germany on the new MAN TGM 15.290 4x2 LL to the Pößneck Volunteer Fire Brigade in November 2021.

Das erste HLF 20 von Lentner auf dem neuen MAN TGM 18.320 4x4 BB erhielt zum Jahresende 2021 die FF Peissenberg. Im 16 Tonnen schweren Fahrzeug sind 2400 Liter Wasser und 120 Liter Schaummittel. (klf)
The Peissenberg volunteer fire brigade received the first HLF 20 from Lentner on the new MAN TGM 18.320 4x4 BB at the end of 2021. The 16-tonne vehicle contains 2400 litres of water and 120 litres of foam concentrate.

Die beiden Haspeln dienen der Verkehrsabsicherung und der Beseitigung von Ölspuren. In der Heckklappe ist für schnellen Zugriff zur FPN 10-2000 ein Rollladen eingefügt. (klf)
The two reels are used for traffic safety and for removing traces of oil. A roller shutter is inserted in the tailgate for quick access to the FPN 10-2000.

Als HLF 3 wird dieser Fahrzeugtyp in Niederösterreich bezeichnet. Der MAN TGM 18.320 4x4 BB der FF Seitenstetten Markt hat 4000 l Wasser und 200 l Schaummittel dabei und ist mit einer CAFS-Anlage ausgestattet. (thl)
This type of vehicle is called HLF 3 in Lower Austria. The MAN TGM 18.320 4x4 BB of the Seitenstetten Markt volunteer fire brigade carries 4000 litres of water and 200 litres of foam concentrate and is equipped with a CAFS system.

Der Radstand beträgt 4,2 Meter. Wie in Österreich üblich ist die Haspel mit dem Schnellangriffsschlauch im Heck über der Pumpe eingebaut. Im Geräteraum G2 befindet sich der Kompressor für die CAFS-Anlage. (thl)
The wheelbase is 4.2 metres. As is usual in Austria, the reel with the quick-attack hose is installed in the rear above the pump. The air compressor for the CAFS system is located in equipment compartment G2.

Den längsten beim MAN TGM 18.320 4x4 BB erhältlichen Radstand von 4,5 Metern hat dieses HLF 3 im niederösterreichischen St. Peter in der Au. Rosenbauer lieferte es im Sommer 2021 aus. (thl)
The longest wheelbase of 4.5 metres available on the MAN TGM 18.320 4x4 BB is on this HLF 3 in St. Peter in der Au, Lower Austria. Rosenbauer delivered it in summer 2021.

Rosenbauer integrierte Tanks für 4000 Liter Wasser, 200 Liter Schaummittel, eine CAFS-Anlage und eine Niederdruck/Hochdruckpumpe. An vier der sieben Sitzplätze sind Atemschutzgeräte vorhanden. (thl)
Rosenbauer built in tanks for 4000 litres of water, 200 litres of foam concentrate, a CAFS system and a low-pressure/high-pressure pump. Breathing apparatus is integrated at four of the seven seats.

Die Feuerwehr Appenzell stellte im Spätsommer 2021 den ersten MAN TGM 13.290 4x4 BL in der Schweiz mit der CC-Kabine als TLF 2000 in Dienst. (klf)
The fire brigade of City of Appenzell put the first MAN TGM 13.290 4x4 BL with the CC cab in Switzerland into service as TLF 2000 in late summer 2021.

Ziegler baute im Herbst 2021 in seinem Werk in Kroatien ein TLF 20/30 für die FF Žrnovnica auf MAN TGM 13.290 4x4 BL. Mit dem kurzen Radstand von 3250 mm ist es kompakt und wendig. Vier Kameras an Fahrerhaus und Aufbau bieten dem Maschinisten auf einem Monitor ein 360°-Bild rings um das Fahrzeug. (dvdz)
Ziegler built a TLF 20/30 for Žrnovnica Volunteer Fire Brigade on MAN TGM 13.290 4x4 BL at its factory in Croatia in autumn 2021. With its short wheelbase of 3250 mm, it is compact and manoeuvrable. Four cameras on the cab and superstructure provide the driver with a 360-degree image of the vehicle on a monitor.

Die FF Hohenthann stellte im Frühjahr 2022 ein TLF 3000 St auf MAN TGM 13.290 4x4 BL in Dienst. Es trägt den neuen Alpas-Aufbau von Ziegler. Von den sechs Plätzen sind drei mit Atemschutzgeräten ausgestattet. (klf)
In spring 2022, the Hohenthann fire brigade put a TLF 3000 St on a MAN TGM 13.320 4x4 BL into service. It carries the new Alpas superstructure from Ziegler. Three of the six seats are equipped with breathing apparatus.

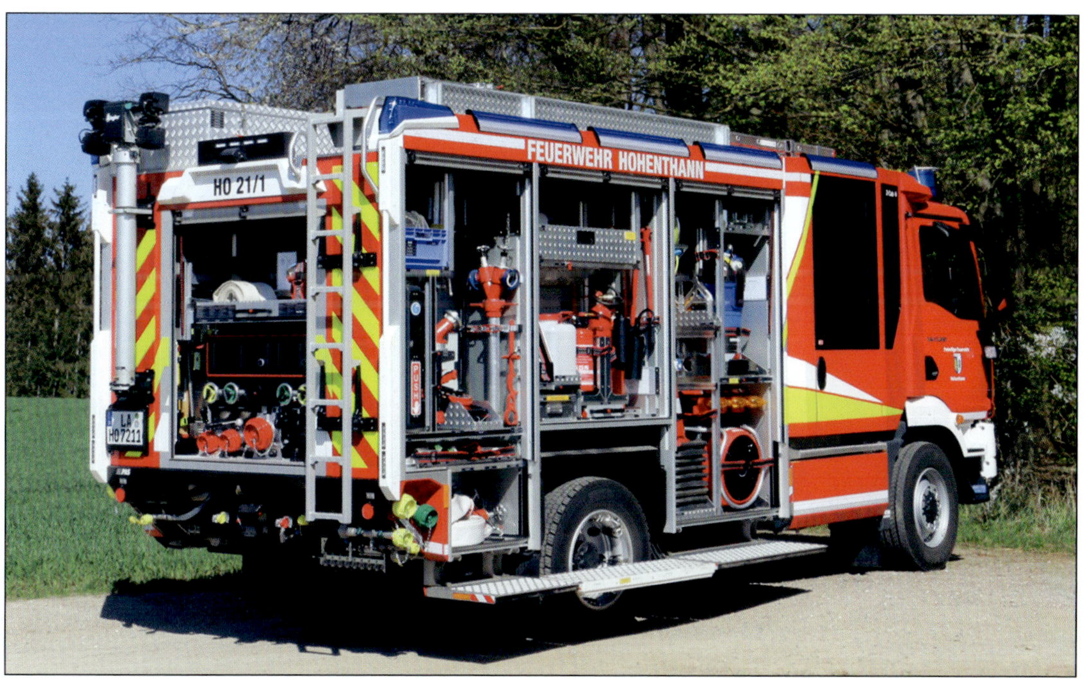

Ein Pump-and-Roll-Betrieb ist möglich, um bei Flächenbränden die 3500 Liter Wasser und 200 Liter Schaummittel auszubringen. Der pneumatische Lichtmast am Heck trägt vier LED-Strahler. (klf)
Pump-and-roll operation is possible to apply the 3500 litres of water and 200 litres of foam concentrate to wildland fires. The pneumatic light mast at the rear carries four LED spotlights.

Logiroll baute einen Gerätewagen Logistik GW-L auf MAN TGM 13.320 4x4 BL. Dieser war vor seiner Auslieferung an die FF Grebenhain im Herbst 2021 auf einer Messe in Dresden ausgestellt. (hjs)
Logiroll built a logistics truck GW-L on a MAN TGM 13.320 4x4 BL. This was exhibited at a trade fair in Dresden before being delivered to the Grebenhain volunteer fire brigade in autumn 2021.

Der erste neue MAN TGM 13.290 4x4 BL als Feuerwehrfahrzeug in Österreich läuft seit Sommer 2021 bei der FF Fiss als Lastwagen. (klf)
The first new MAN TGM 13.290 4x4 BL as a fire engine in Austria has been running as a truck for the Fiss volunteer fire brigade since summer 2021.

Bayern beschaffte 10 GW-Notstrom für den Katastrophenschutz bei Logiroll auf MAN TGM 13.320 4x4 BL und stationierte sie bei Feuerwehren. Die Beladung mit Stromerzeugern, Zubehör und Beleuchtungsgerät folgt. (klf)
Bavaria procured 10 GW emergency power units for civil protection from Logiroll on MAN TGM 13.320 4x4 BL and stationed them at fire brigades. The units carry generators, accessories and lighting equipment.

Die BF Ingolstadt dürfte die erste Feuerwehr in Deutschland gewesen sein, die im Sommer 2021 zwei WLF der neuen MAN Generation erhalten hat. (klf)
The Ingolstadt professional fire brigade is likely to be the first fire brigade in Germany to receive two Skip-Loaders of the new MAN truck generation in summer 2021.

Auf dem MAN TGS 26.400 6x2-4 BL mit NN-Fahrerhaus baute Hiab das Hakengerät ULT18SL56 auf. Transportiert wird der Abrollbehälter Einsatzleitung. (klf)
Hiab has mounted the ULT18SL56 hook unit on the MAN TGS 26.400 6x2-4 BL with NN cab. The roll-off container for emergency management is transported.

2021 stellte die Bombeiros Voluntarios Loulé in Portugal ein WLF auf dem neuen MAN TGS 35.510 8x4 BB mit Abrollgerät von Palfinger und Wassercontainer von Jacinto in Dienst. (api)
In 2021, Bombeiros Voluntarios Loulé in Portugal commissioned a skip-loader on the new MAN TGS 35.510 8x4 BB with Palfinger unwinding equipment and Jacinto water container.

Rechtwinklig öffnen die Türen und treppenartig angeordnete Stufen führen sicher und komfortabel in das Führerhaus. (man)
The doors open at right angles and steps arranged like stairs lead safely and comfortably into the driver's cab.

In der Fahrertüre sitzen die vier Tasten des MAN Easy Control. Wichtige Funktionen sind hier zu aktivieren, ohne in das Fahrerhaus einsteigen zu müssen. (man)
The four MAN Easy Control buttons are located in the driver's door. Important functions can be activated from here without having to climb into the cab.

Neu und trotzdem bekannt. Die Designer haben die Front der neuen MAN Generation behutsam überarbeitet. Der Grill reicht bis zu Stoßstange. Markant ist in den Scheinwerfern die geschwungene LED-Lichtleiste für das Tagfahrlicht. (klf)
New and yet familiar. The designers have carefully revised the front of the new MAN truck generation. The grille extends to the bumper. A striking feature in the headlights is the curved LED light strip for the daytime running lights.

Das Video-Abbiege-System von MAN besteht aus einer Weitwinkelkamera an der rechten Fahrzeugseite und einem Bildschirm innen an der rechten A-Säule. Damit wird der „tote Winkel" für den Maschinisten beim Abbiegen und Rangieren einsehbar. (klf)
MAN's video turning system consists of a wide-angle camera on the right-hand side of the vehicle and a screen on the inside of the right-hand A-pillar. This allows the driver to see the "blind spot" when turning and manoeuvring.

TLF 16 | WF Kelheim Fibres Kelheim | MAN 11.168 HA-LF | Ziegler | 1974 | 2400 W (klf)
Die ersten 14 Jahre lief das TLF 16 bei der FF Adelsried, bevor es die Werkfeuerwehr bis 2021 einsetzte.
The TLF 16 was used by the Adelsried volunteer fire brigade for the first 14 years of its life, before the Kelheim Fibres plant fire brigade used it until 2021.

MEHR ALS 100 JAHRE PARTNER DER FEUERWEHR

Die MAN kennt man weltweit als Hersteller von Lastwagen, Bussen und Dieselmotoren. Hinter den drei Buchstaben MAN steckt eine Industriegeschichte mit langer Tradition. Dampfmaschinen, Dieselmotoren, Druckmaschinen, Stahlproduktion, Turbinen, Brückenkonstruktionen und eine Vielzahl anderer Produkte standen in ihren Epochen für zukunftsweisende Innovationen und High-Tech-Erzeugnisse. Die geschichtlichen Wurzeln reichen zurück ins Jahr 1758 zur St. Antony Hütte in Oberhausen. In der mehr als 260 Jahre zählenden Geschichte hat sich die Maschinenfabrik Augsburg Nürnberg immer wieder gewandelt, , und daher plante man 1915, das Produktprogramm um Lastwagen zu erweitern. Somit schaut die heutige MAN Truck & Bus SE auf eine etwas mehr als hundertjährige Partnerschaft mit den Feuerwehren als Lieferant von Fahrgestellen für die Einsatzfahrzeuge.

Am Anfang suchte man sich einen erfahrenen Partner und fand ihn im renommierten Schweizer Nutzfahrzeughersteller Saurer. Als Zeichen der Zusammenarbeit trugen die ersten Lastwagen bis 1918 den Namen M.A.N.-Saurer. Das Kommando der Berufsfeuerwehr München taucht bereits in den Unterlagen zum Geschäftsjahr 1915-1916 als Kunde auf, zwei Jahre später dann die Städtische Feuerwehr Nürnberg. Als die Augsburger Feuerwehr im Jahr 1922 einen Löschzug aus drei Fahrzeugen in Dienst stellte, waren die Chassis von der Grundlage her noch eine Saurer-Konstruktion. Das Firmenschild wies als Hersteller das MAN-Werk in Nürnberg aus. Die Aufbauten der beiden Motorspritzen und der Drehleiter kamen vom Ulmer Brandschutzspezialisten Magirus. Feuerwehren aus verschiedenen europäischen Ländern sowie aus Übersee bestellten bei deutschen Feuerwehrgeräteherstellern Drehleitern und Löschfahrzeuge auf MAN-Chassis. Dass der Lastwagen- und Omnibusbau damals bei MAN nur eines von vielen Geschäftsfeldern belegte, zeigen deutlich die Zahlen. Um 1920 zählte der Konzern 52.000 Mitarbeiter, davon stellten gerade mal 800 Personen Nutzfahrzeuge her.

Das Jahr 1925 ist für MAN von besonderer Bedeutung. Der erste, im eigenen Haus neu konstruierte Lastwagen mit Dieselmotor verließ die Werkshallen. Auf der Berliner Automobilausstellung 1933 zündete MAN ein Neuheitenfeuerwerk. Der Z1 war für drei Tonnen Nutzlast und der D1 für vier Tonnen ausgelegt. Sie wurden mit einem 6-Zylinder-Dieselmotor angeboten. Zu diesem Zeitpunkt begrenzten in Deutschland staatliche Vorgaben die Variantenvielfalt bei den Feuerwehrfahrzeugen, indem sie einige Mustertypen definierten. Eine davon war die Kraftfahrspritze KS 15 mit einer 1500 l/min leistenden Pumpe. Auch auf dem MAN Z1-Chassis sind Prototypen gebaut worden, allerdings fand es bei der Serienfertigung keine Berücksichtigung. Die nächste größere Version war die Kraftfahrspritze KS 25 mit der damals stärksten Pumpe. Sie leistete 2500 l/min. Geeignet dafür wäre ein Fahrgestell mit vier Tonnen Nutzlast gewesen, wie der MAN D1. Jedoch entstanden diese KS 25 in großen Stückzahlen auf Fahrgestellen anderer Hersteller. Die Ursache lag in einer vom Staat verordneten Typenreduzierung, bei der den Fahrzeugherstellern bestimmte Tonnagesegmente zugeordnet wurden. Das beschränkte das Fahrzeugprogramm von MAN später auf zwei Grundtypen mit 4,5 und 6,5 Tonnen Nutzlast. Für die gab es jedoch keinen Bedarf bei den Feuerwehren, denn die typisierten Feuerwehrfahrzeuge verlangten nach kleineren Chassis mit 1,5 und 3 Tonnen Nutzlast.

Nicht zu jedem Fahrzeug konnten alle benötigten Daten bei den Fototerminen erfragt oder bei der Recherche ermittelt werden. W = Inhalt Löschwasserbehälter S = Inhalt Schaummittelbehälter
It was not possible to obtain all the necessary data for every vehicle during the photo sessions or during the research. W = content of water tank S = content of foam agent tank
DL / DLK = Aerial ladder | ELW = Command Car | FLF = ARFF | GMB = Snorkel | GW-G = HazMat | HLF = Rescue Engine | LF = Engine | RW = Rescue Truck | RW-Kran = Rescue Truck with Crane | TLF = Tanker | TMB = Aerial Platform | WLF = Skip-Loader.

Der MAN-Hauber bringt den Durchbruch

In der Nachkriegszeit konzentrierte sich MAN weiterhin auf die schwere Nutzfahrzeugklasse. Das Top of the Range-Modell, die Baureihe F8 avancierte mit seinem starken Motor zu einem Flaggschiff der Wirtschaftswunderzeit. Für den Einsatz bei den Feuerwehren war er jedoch eine Nummer zu groß. Ganz selten erhielt MAN den Auftrag, schwere Chassis für Exportaufträge von Großtanklöschfahrzeugen oder den damals höchsten Drehleitern mit bis zu 60 Metern Leiterlänge zu liefern. In Deutschland bestellte

Automobilspritze | WF Kammgarn Spinnerei Augsburg | MAN 3 Tonner Cardanwagen | Magirus | 1922 (man)
Die Berufsfeuerwehr Augsburg beschaffte bei Magirus einen ganzen Löschzug aus zwei Motorspritzen und einer Drehleiter.
The Augsburg professional fire brigade obtained an entire fleet of fire engines from Magirus, consisting of two motorised fire engines and a turntable ladder.

DL 18 | FF Dillingen | MAN Z1 | Magirus | 1936 (klf)
Auf ein gebrauchtes Lastwagenfahrgestell von 1936 setzte die Feuerwehr 1953 eine von 1930 stammende Leiter auf.
In 1953, the Dillingen fire brigade mounted a ladder from 1930 on a used truck chassis from 1936.

KS 25 | FF Pulsnitz | MAN D1 | G.A. Fischer | 1936 | 400 W (jwe)
Von etwa 25 gebauten KS 25 auf MAN-Fahrgestell ist nur dieses Exemplar erhalten geblieben.
Of about 25 KS 25s built on MAN chassis, only this example has been preserved as a classic vehicle.

KL 26 | FF Verl | MAN D1 | Metz | 1938 (klf)
Es sollen nur fünf Kraftfahrleitern KL 26 auf MAN gebaut worden sein. Heute gibt es nur noch diesen Oldtimer.
It is said that only five aerial ladders of the type KL 26 were built on MAN. Today, there is only this oldtimer left.

RKW 10 | BF Nürnberg | MAN 758 L1 | Metz | 1955 (klf)
Dieser RKW 10 blieb ein Einzelstück. Der Kran ist von Demag. 3000 kg zieht die Vorbauwinde.
This Rescue Truck 10 remained a one-off. The crane is from Demag. The stem winch pulls 3000 kg.

Der von Metz gelieferte Löschzug bei der BF Nürnberg setzte sich 1969 aus drei Haubern vom Typ MAN 635 H zusammen. (man)

This fleet of fire engines and turntable ladders supplied by Metz to Nuremberg Fire Brigade in 1969 consisted of three MAN 635 H Hauber trucks.

DL 25 | Cuerpo de Bomberos Voluntarios Zarate | MAN 520 L 1 | Metz | 1955 (rju)

Argentinien kaufte einige Drehleitern bei Metz. Die ersten beiden DL 25 waren auf dem 5,5-Tonner-Chassis.

Argentina bought some turntable ladders from Metz. The first two DL 25 were on the 5.5-tonne chassis.

LF 16 | WF Stetter Memmingen | MAN 450 H-LF | Glasenapp | 1967 | 800 W (mkl)
Ursprünglich lief das LF 16 bei der Berliner Feuerwehr. Der Aufbau stammt von einem Karosseriebauer in Berlin.
Originally, the LF 16 was used by the Berlin fire brigade. The body was made by a coachbuilder in Berlin.

DL 37 | FF Rüsselsheim | MAN 770 H | Metz | 1963 (bki)
Drehleitern mit 37 Meter waren sehr selten bei deutschen Feuerwehren. Eine gab es von Metz auf MAN.
Turntable ladders of 37 metres were very rare among German fire brigades. There was one from Metz on MAN.

TLF 3000 | Royal Canadian Armed Forces Söllingen | MAN 15.200 H | Bachert | 1974 | 3000 W (wfr)
Für ihre Flugplätze in Deutschland kaufte das Kanadische Militär deutsche Tanker in amerikanischer Bauweise mit Midship-Pumpe.
For their airfields in Germany, the Canadian military bought German tankers of American design with Midship pump.

TLF 24/50 | FF Rüdesheim /Nahe | MAN 15.240 HK | Heines | 1982 | 5000 W 500 S (klf)
Heines war eine kleine Firma, die nur wenige Fahrzeuge baute. Eingebaut ist eine Pumpe von Bachert.
Heines was a small company that built only a few vehicles. A pump from Bachert is installed.

TLF 2600 | Falck Bogense | MAN 16.168 HALF | H.F. Nielsen| 1976 | 2600 W (ohu)
Zur Bekämpfung von Flächenbränden stellte sich ein Feuerwehrmann in den Korb an der Stoßstange.
To fight wildfires, a firefighter stood in the basket on the bumper.

GMB 26 | Polizia Federal Argentina Buenos Aires | MAN 12.186 H | Simon Snorkel | 1972 (rju)
Die Polizia Federal Argentina war ein treuer MAN Kunde. In großer Anzahl gingen Hauber nach Südamerika.
The Polizia was a very loyal MAN customer. Large numbers of Hauber trucks went to South America.

TLF 4700 | Brandweer Tessenderlo | MAN 630 L2A | EKW | 1957 Umbau 1977 | 4700 W (wfr)
Für die Bundeswehr entwickelte MAN einen geländegängigen Lastwagen. Auch die belgische Armee kaufte davon 2230 Stück. Einige wurden nach ihrer Ausmusterung umgebaut zu Wassertransportern.
MAN developed an all-terrain truck for the Bundeswehr. The Belgian army also bought 2230 of them. Some were converted into water transporters after they were taken out of service.

lediglich die Feuerwehr der MAN-Stadt Nürnberg zwei schwere Haubenchassis. Auf dem MAN 758 L1, der für die Nutzlast von 7,5 Tonnen ausgelegt war, baute die Firma Metz 1955 einen Rüstwagen mit Kran RKW 10 auf. Der V8 Dieselmotor unter der Haube leistete 155 PS. Ein Jahr später kam eine 30-Meter-Drehleiter von Metz auf MAN 630 L2 hinzu.

Bislang spielten MAN-Chassis bei der Feuerwehr keine Rolle. Mit dem neuen Kurzhauber wendete sich das Blatt. Auf der IAA 1955 präsentierte MAN einen elegant gestylten Lastwagen mit Panorama-Windschutzscheibe. Während in der schweren Nutzfahrzeugklasse noch das klassische Erscheinungsbild mit einer langgezogenen Motorhaube und frei stehenden Scheinwerfern das Straßenbild prägte, traf MAN mit der weichen Formensprache bei seiner leichten Nutzklasse den Geschmack der Wirtschaftswunderzeit. Dieser lief dann in München vom Band. Denn als das Werk Nürnberg an seine Kapazitätsgrenzen stieß, suchte MAN nach einer Lösung und fand sie im ehemaligen Flugmotorenwerk der BMW AG im Norden Münchens. Die amerikanischen Besatzungstruppen hatten es zum größten Versorgungslager und zur zentralen Instandsetzungsbasis der US-Armee in Europa ausgebaut. Als sich die Amerikaner zurückzogen und die BMW keinen Bedarf an dem Gelände hatten, kam die MAN ins Spiel. Außer den Hallen standen tausende, in der Fahrzeuginstandhaltung geschulte Mitarbeiter zur Verfügung. Der Bau von Lastwagen, Omnibussen und Traktoren zog ab 1955 nach München um, die Motorenentwicklung und Fertigung blieb in Nürnberg.

Die von MAN gewählte Typbezeichnung verrät viel über die Fahrzeugkonfiguration. Die erste Zahl informiert über die Nutzlast in Tonnen, die zweiten und dritten Zahlen – mit 100 addiert – ergeben die Motorleistung in PS. Auf dem Typ 415 L1 mit 115 PS entstanden die ersten Feuerwehrfahrzeuge. Signalwirkung hatten sicher die Aufträge einiger großer deutscher Berufsfeuerwehren. Die Stadt Nürnberg stattete ihre Feuerwehr mit dem neuen MAN-Hauber aus. Auch Berlin beschafft seit fast 65 Jahren den größten Teil seines Fuhrparks auf MAN-Fahrgestellen.

Die Ausführung 415 L1 traf aber nicht die Bedürfnisse der Feuerwehren. Das leichte Chassis für vier Tonnen Nutzlast passte zwar, um bei umfangreicher Beladung und großem Wassertank die damals vorgeschriebenen 10 Tonnen Gesamtgewicht einzuhalten. Doch die Wehren verlangten stärkere Motoren, denn bei der Alarmfahrt wollten sie spurtstark durch den Verkehr kommen und nicht schon bei der kleinsten Steigung an Vortrieb verlieren. MAN reagierte und bot den stärkeren Typ 450 H-LF oder mit Allradantrieb den 450 HA-LF mit dem 156 PS starken Motor an. Die Buchstaben erläutern den Fahrgestelltyp: H für Hauber, A für Allrad und LF für Löschfahrzeug. Er sorgte dafür, dass sich MAN im In- und Ausland nicht nur in der Baubranche sondern auch bei den Feuerwehren den Ruf als Hersteller robuster und geländegängiger Fahrzeuge aufbaute.

Anfang der siebziger Jahre modernisierte MAN den Kurzhauber. Die neue Haube ließ sich in einem Stück hochklappen und bot dem Mechaniker einen freien Zugang zum Motor. Zugleich änderte sich die Typbezeichnung. Nicht mehr die Nutzlast, sondern das zulässige Gesamtgewicht in Tonnen gibt die Zahl vor dem Punkt an. Und es kamen zwei Motoren zum Einbau: Anfänglich ein 6-Zylinder-Motor mit 168 PS und ein 5-Zylinder-Motor mit 192 PS. Später stellte MAN die 168 PS auch mit einer Fünfzylindermaschine dar. Der 11.168 HA-LF und der 11.192 HA-LF boten sich als typisches Fahrgestell für die Löschfahrzeuge LF 16, LF 16 und TLF 16 sowie Rüstwagen RW 2 an. Dänemark war das andere europäische Land mit einer bemerkenswerten Häufigkeit an MAN-Einsatzfahrzeugen, denn der Rettungsdienstanbieter Falck und viele Wehren entschieden sich für die robusten Hauber aus München. Ins Ausland gingen einige außergewöhnliche Exemplare. So baute Metz 1985 mindestens eine DL 53 mit Korb und Fahrstuhl auf MAN 22.240 H. Das war damals die weltweit höchste vollhydraulische Drehleiter. Diese soll für die Feuerwehr Shanghai in China bestimmt gewesen sein. Bis 1985 blieb der Haubenwagen für die Feuerwehr im Programm.

Erste Frontlenkerchassis für die Feuerwehr

Bereits seit den 1970er-Jahren führte MAN modern designte Frontlenker im Produktprogramm. Das Fahrerhaus entstand in Kooperation mit dem französischen Lkw-Bauer Saviem. Da dieses den schweren und stärkeren Modellversionen vorbehalten blieb, spielte es bei der Feuerwehr keine Rolle bis auf einige Sonderlöschfahrzeuge für Industrie- und Flughafenfeuerwehren, die auf verschiedenen Kontinenten zum Einsatz kamen. Erst 1985 leitete MAN davon

TLF 2800 | Feuerwehr Embrachertal | MAN 19.321 FA | Brändle | 1983 | 2800 W 300 S (klf)
Das war das erste MAN-Feuerwehrfahrzeug in der Schweiz, das einen Aufbau von einer Schweizer Firma erhielt.
This was the first MAN fire engine in Switzerland to receive a body from a Swiss company.

TLF 24.000 | BF Frankfurt | MAN 19.304 DFS | Ziegler | 1971 | 24.000 W 1000 S (man)
Auf der Messe Interschutz 1972 wurde dieser MAN als „größtes Tanklöschfahrzeug der Welt“ vorgestellt.
At the Interschutz trade fair in 1972, this MAN was presented as the "largest tanker in the world".

TLF 2400 | Brunavarnir Eyjafjardar Wache Insel Hrísey | MAN 16.192 FA | H.F. Nielsen | 1987 | 2400 W (man)

Hrísey, die zweitgrößte Insel vor der isländischen Küste zählt etwa 170 Einwohner. Dort ist es das einzige Feuerwehrfahrzeug. Die eingebaute Pumpe leistet 3000 l/min.

Hrísey, the second largest island off the Icelandic coast, has about 170 inhabitants. It is the only fire engine there. The built-in pump has a capacity of 3000 l/min.

DLK 23-12 | Brandweer Papendrecht | MAN 14.192 F | Metz | 1988 (sro)

Das Fahrerhaus wurde für eine niedrigere Fahrzeughöhe etwas nach vorne unten versetzt. International ist der Lebenslauf: gebaut für die dänische Feuerwehr Frederiksberg, kam die Drehleiter 2005 in die Niederlande und ging 2014 nach Argentinien zur Feuerwehr Rio Cuarto.

The driver's cab has been moved down a little to the front for a lower vehicle height. International is the CV: built for the Danish fire brigade Frederiksberg, it came to the Netherlands in 2005 and went to Argentina to the Rio Cuarto fire brigade in 2014.

FLF 8000 | Flughafen Cape Town | MAN 26.440 DFAE | Rosenbauer | 8000 W 1000 S (ahe)
Der um 1980 stärkste MAN Motor aus der Schwerlastsattelzugmaschine treibt den „Buffalo" von Rosenbauer an.
The most powerful MAN engine from the heavy-duty tractor unit around 1980 powers the "Buffalo" from Rosenbauer.

einen Lastwagen der 12-Tonnen-Klasse in Feuerwehrausführung ab. Der Erfolg des MAN 12.192 FA-LF auf dem Markt für Feuerwehrfahrzeuge blieb damit aber bescheiden. MAN musste feststellen, dass andere Fahrgestellhersteller mit stärkeren Motoren um die 230 PS bei den Kunden punkteten.

Mit der G-Baureihe in ein neues Marktsegment

Um im Markt für leichte Nutzfahrzeuge ab sechs Tonnen vertreten zu sein, ging MAN Ende der 1970er-Jahre eine Kooperation mit VW ein, worauf die beiden Logos auf dem Frontgrill und die Beschriftung des Typschilds mit „Hersteller-Arge VW-MAN" hinwiesen. Von MAN stammten die Motoren, Rahmen und Vorderachsen. VW steuerte das vom VW LT bekannte Fahrerhaus, Fünfgang-Synchron-Getriebe und Hinterachsen bei. Ab 1979 bediente die „Gemeinschafts"-Baureihe mit kleineren Einsatzfahrzeugen – wie in Deutschland die Löschgruppenfahrzeuge LF 8, Tanklöschfahrzeuge TLF 8, Rüstwagen RW 1 oder Gerätewagen – ein neues Marktsegment. Auf positive Resonanz stieß bei den Feuerwehren die viertürige Doppelkabine für die Mannschaft. Die Motoren leisteten anfangs 90 und 136 PS. Das Allradfahrgestell mit Niederdruck-Einzelbereifung kam 1982 hinzu. In seiner 14-jährigen Produktionszeit bis 1993 erlebte die zuletzt G90 genannte Baureihe im Jahr 1987 eine Modellpflege. Die Scheinwerfer wanderten vom Frontgrill nach unten in den Stoßfänger. Zugleich erstarkten die Vier- und Sechszylindermotoren auf 100 bzw. 150 PS.

Für den Katastrophenschutz beschaffte der Bund Ende der 1980er Jahre 183 Rüstwagen RW 1 auf VW-MAN 8.163 FAE. Weitere 45 auf VW-MAN 8.150 FAE kamen ab 1992 hinzu, um Feuerwehren nach der deutschen Wiedervereinigung in den neu hinzugekommenen östlichen Bundesländern mit Ausrüstung zur technischen Hilfeleistung zu unterstützen. Ihre Stationierung brachte viele Einsatzkräfte von Freiwilligen Feuerwehren erstmalig in Kontakt mit einem MAN-Einsatzfahrzeug.

TLF 1000 | FF Ternitz-Flatz | VW-MAN 9.150 FAE | Lohr | 1993 | 1000 W (thl)
Die Gemeinschaftsbaureihe VW-MAN brachte MAN den Zugang zum Markt für kleinere Allradfahrzeuge.
The joint venture of VW and MAN gave MAN access to the market for smaller all-wheel-drive vehicles.

ML 18-12 | Feuerwehr Buchs-Dällikon | VW-MAN 9.150 FAE | Ehrsam | 1993 (klf)
In der Schweiz zählte der VW-MAN zu den Raritäten unter den Feuerwehrfahrzeugen. Nur drei sind bekannt geworden.
In Switzerland, the VW MAN was one of the rarities among fire engines. Only three are known of.

RW 1 | FF Wiesbaden-Bierstadt | VW-MAN 8.136 FAE | OWR | 1987 (jwe)
183 RW 1 beschaffte das Bundesinnenministerium in dieser Ausführung für den Katastrophenschutz.
The Federal Ministry of the Interior procured 183 RW 1 in this design for disaster control.

TLF 2000 | Sønderborg Brand & Redning Wache Gråsten friv. Brandværn | VW-MAN 10.150 F | H.F. Nielsen | 1991 | 2000 W 80 S (ohu)
In großer Anzahl liefen VW-MAN bei dänischen Feuerwehren. H.F. Nielsen war ein dänischer Aufbauhersteller.
A large number of VW-MANs were used by Danish fire brigades. H.F. Nielsen was a Danish bodybuilder.

TLF 2000 | Bombeiros Voluntarios Samora Correira | VW-MAN 8.150 FAE | Inasi | 1991 | 2000 W (klf)
Für die Waldbrandbekämpfung ausgestattet ist dieser VW-MAN. Die Pumpe FP 8/8 kommt von Ziegler.
This VW-MAN is equipped for fighting forest fires. The FP 8/8 pump comes from Ziegler.

Beliebt bei den Feuerwehren: die M90-Baureihe

Im Herbst 1988 stellte MAN der Fachwelt die Baureihe M90 für den mittleren Tonnagebereich von 12 bis 18 Tonnen vor. Sie gehörte bis ins Jahr 2005 zum Produktprogramm. Die beiden Facelifts zum 1996 eingeführten M2000 und zum 1999 vorgestellten M2000 Evolution, kurze Zeit später verkürzt auf die Bezeichnung ME2000, ließen sich zuerst an der geänderten Stoßstange und dann an dem Frontgrill ohne Chromrahmen nachvollziehen.

Mit dem M90 gelang MAN der starke Aufschwung in der Kommunalbranche und hier besonders bei den Feuerwehren. Das von der F90-Baureihe abgeleitete Nahverkehrshaus sowie die von den Aufbauherstellern angesetzten Mannschaftskabinen überzeugten viele Feuerwehren durch ihr großzügiges Platzangebot und das enorme Raumgefühl. Zudem hatte MAN nun mit dem 230 PS starken 6-Zylinder-Reihenmotor eine marktkonforme Motorisierung im Angebot. Der MAN 12.232 avancierte schnell zum Universalchassis für Löschfahrzeuge, Tanklöschfahrzeuge, Rüst- und Gerätewägen. Aufsehen in der Fachwelt erregte 1995 die Bestellung von 29 baugleichen MAN 12.222 F in Silent-Ausführung aus München. Diese Hilfeleistungslöschfahrzeuge baute die österreichische Firma Rosenbauer auf. In der 14-Tonnen-Ausführung mit Straßenantrieb bediente dieses Fahrzeug den Markt der Drehleitern. Die stärkste und schwerste Version mit 18 Tonnen zulässigem Gesamtgewicht und 260 PS – ab dem Jahr 2000 mit 280 PS – fand sich oft als Basis für große Tanklöschfahrzeuge sowie im neuen und zugleich wachsenden Markt der Wechselladerfahrzeuge.

RW-Kran | Brandweer Ninove | MAN 12.192 F | Somati | 1994 (mkl)
Dieser Rüstwagen mit großer Kabine ist ein Einzelstück in Belgien. Der Kran am Heck ist von Palfinger.
This rescue vehicle with a large cab is a unique appliance in Belgium. The crane at the rear is from Palfinger.

TLF 4000 | Brandweer Masseik | MAN 18.232 FA | Rosenbauer Belgium | 1996 | 4000 W (mkl)
Das belgische Innenministerium beschaffte 10 baugleiche Fahrzeuge für Wald- und Moorbrandbekämpfung.
The Belgian Ministry of the Interior procured 10 identical vehicles for forest and moorland firefighting.

HLF 16 | BF München | MAN 12.222 F | Rosenbauer | 1996 | 1200 W 200 S (klf)
29 baugleiche HLF 16 in kompakter Bauform stellte die Stadt München in Dienst. 2010 wurden sie verkauft.
29 identical HLF 16 in compact design were put into service by the city of Munich. They were sold in 2010.

RW-Kran | Brandweer Almere | MAN 14.285 MLLC | Hoogstaal-HIAB | 2004 (mkl)
Auf einem vollluftgefederten ME entstand dieser Rüstwagen. Der Kran ist von HIAB, die Winde von HPC.
This rescue vehicle was built on a fully air-suspended ME. The crane is from HIAB, the winch from HPC.

Anbieter in allen Tonnageklassen mit L, M und F

Mit dem Namen L2000 präsentierte MAN 1993 eine leichte Baureihe für die Gewichtsklasse von 6 bis 10,5 Tonnen. Dabei bediente sich MAN für die Kabine bei der traditionsreichen österreichischen Firma Steyr, die 1989 zum Firmenverbund hinzukam. Vier- und Sechszylindermotoren aus der D08-Baureihe leisteten je nach Ausführung und Abgaseinstufung Euro 1, Euro 2 oder Euro 3 zwischen 100 und 220 PS. Die Kabinenvielfalt der Baureihe weckte das Interesse der Feuerwehren: Zusätzlich zu dem Nahverkehrshaus und seiner 30 Zentimeter längeren Ausführung gab es ab Werk eine viertürige Doppelkabine. Ergänzend konstruierte und produzierte der zu MAN gehörende Fahrzeugbau in Wittlich eine neunsitzige Mannschaftskabine. Die Berliner Feuerwehr bestellte viele Löschfahrzeuge auf MAN L-Baureihe mit dieser großen Kabine und besonders in den Niederlanden fand sie viele Abnehmer.

Diese Fahrerhauspalette durfte ein paar Jahre später auch in der mittleren Tonnageklasse Einzug halten. Der Unterbau und das Motorenprogramm stammten von der M2000 bzw. ME-Baureihe. Wegen der Kabinen aus der leichten Baureihe, trugen diese den Buchstaben L im Namen. MAN stellte die Kunden im Segment von 12 bis 18 Tonnen vor die Wahl: Selbe Plattform, gleiche Motoren, aber unterschiedliche Kabinen.

Richteten kommunale Feuerwehren und Werkfeuerwehren ihre Anfragen nach Chassis ab 16 Tonnen für Teleskopmaste, Großtanklöschfahrzeuge, Industrielöschfahrzeuge oder Wechsellader an MAN, so hieß die Antwort F90. Ab 1986 führte MAN diese Baureihe Schritt für Schritt ein. Sechszylinder-Reihenmotoren von 290 bis 360 PS machten den Anfang. Die maximale Leistung für die Kommunalfahrzeuge kletterte mit Umstellung auf die verschiedenen Abgasreinigungsstufen bis Anfang des neuen Jahrhunderts bis auf 460 PS. Zwei-, Drei- und Vierachser mit Straßen- oder mit Allradantrieb konnten in ihrer Varientenvielfalt den Bedarf der Feuerwehren befriedigen.

Ab 1994 löste der F2000 sukzessive die bisherigen F90-Modelle ab, 1998 folgten das Facelift zum F2000 Evolution bzw. FE2000. Diese weite Palette aus den Baureihen L, M und F erlaubte es MAN, sich international hervorragend im Markt zu platzieren. Immer mehr Aufbauhersteller in europäischen, asiatischen und afrikanischen Ländern nahmen MAN-Chassis zur Basis, um ihre Einsatzfahrzeuge darauf aufzubauen.

Auf einer Feuerwache in Cape Town (Südafrika) stehen eine von Simon Snorkel gebaute GMB 32 auf dreiachsigem MAN 22.192 H, ein Gerätewagen auf Nissan und ein Tanker mit 6000 Liter Wasser, 250 Liter Schaummittel und CAFS-Anlage auf MAN aus der LE-Baureihe. (rju)

At a fire station in Cape Town (South Africa), there is a 32-metre Snorkel built by Simon Snorkel on a three-axle MAN 22.192 H, a Rescue Truck on a Nissan and a tanker with 6000 litres of water, 250 litres of foam concentrate and a CAFS system on a MAN from the LE series.

RW-Kran | Lolland-Falster Brandvæsen Wache Nykøbing 2 | MAN | John Dennis Coachbuilder JDC | 2000 (ohu)
Aus UK vom Gloucestershire Fire & Rescue übernahm die dänische Wehr den Rüstwagen mit Heckkran von Hiab.
From Gloucestershire Fire & Rescue in the UK, the Danish fire brigade purchased their rescue vehicle with rear-mounted crane from Hiab.

TLF 2000 | Bombeiros Voluntários Alcoentre | MAN 10.163 LAEC | Consola | 1996 | 2000 W (klf)
Die Rosenbauer-Pumpe leistet 1600 l/min bei 10 bar und 250 l/min bei 40 bar. Die Winde ist von Ramsey.
The Rosenbauer pump delivers 1600 l/min at 10 bar and 250 l/min at 40 bar. The winch is from Ramsey.

TLF 1500 | PGD Ravne na Koroskem | MAN 10.224 LAEC | Varkar | 1998 | 1500 W (kla)
Sehr kompakt mit kurzem Radstand baut der einzelbereifte MAN aus der L2000-Baureihe.
The single-tyre MAN from the L2000 series is very compact with a short wheelbase.

RW | SPS Lausanne | MAN LE 14.280 4x4 | Morier | 2004 (cdb)
Auffällig gelb lackiert ist dieser Rüstwagen, mit dem die BF Lausanne bei Verkehrsunfällen ausrückt.

This rescue vehicle is strikingly painted yellow and is used by the Lausanne professional fire brigade to respond to traffic accidents.

TLF 8000 | Falck Holstebro Brandvæsen | MAN LE 280 B | Falck CV Kolding | 2003 | 8000 W (ohu)
Im Gerätekasten befindet sich eine Tragkraftspritze. Solche Wassertankwagen sah man in Dänemark häufig.

In the equipment box there is a portable pump. Such water tankers were often seen in Denmark.

TLF | Feuerwehr Sharm El Sheik | MAN 14.224 LA-LF | Kader Rosenbauer (ahe)
Feuerwehren in vielen Ländern nutzen die MAN Allradfahrgestell mit der serienmäßigen Doppelkabine.

Fire brigades in many countries use the MAN all-wheel drive chassis with the double cab ex works.

TLF 2500 | Sapeurs Pompiers du Finistère Wache St Thégonnec | MAN 10.225 LAEC | Sides | 2002 | 2500 W (heb)
Bei dem mittleren Waldbrandlöschfahrzeug schützt der Rohrrahmen mit Wasserdüsen die Kabine.
The CCFM is a medium forest fire fighting vehicle with a tubular frame and water nozzles protecting the cabin.

TLF 3100 | Sapeurs Pompiers du Finistère Wache Lesneven | MAN 14.285 LC | Sides | 2002 | 3100 W (heb)
Die große Kabine wie auch der Aufbau aus GFK und die Pumpe kommen von französischen Herstellern.
The large cab as well as the GRP bodywork and the pump come from French manufacturers.

TLF | Jordan Civil Defense Wache Mahatfat al Qatranah | MAN LE 18.280 4x4 BB | Morita (rju)
Es ist eine Spende aus Japan, was die sehr ungewöhnliche Kombination aus japanischem Aufbau auf MAN erklärt.
It is a donation from Japan, which explains the very unusual combination of Japanese construction on MAN.

RW | CGDIS Incendie et Sauvetage Grevenmacher | MAN 14.225 LA-LF | Comes | 2003 (mkl)
Ursprünglich baute Schmitz den Rüstwagen. Nach einem Unfall erhielt er 2015 einen neuen Aufbau von Comes.
Originally, Schmitz built the rescue vehicle. After an accident, it received a new body from Comes in 2015.

TLF 1800 Löscharm | Protezzjoni Civili Malta Wache Delimara | MAN LE 18.280 4x2 BB |John Dennis Coachbuilder JDC + Direct Access Platforms DAP | 2008 | 1800 W (sro)
Ursprünglich vom West Midlands Fire Service in Großbritannien kommt das am Kraftwerk Delimara auf Malta eingesetzte Sonderlöschfahrzeug. Der Löscharm reicht 20 Meter hoch.
Originally from the West Midlands Fire Service in UK, this pump rescue water tower was used at the power station at Delimara in Malta. The boom reaches 20 metres high.

TLF 2000 | Brandweer Stiens | MAN LE 14.250 4x2 BB | HDS | 2007 | 2000 W (mkl)
Die große Mannschaftskabine auf dem MAN LE2000 kommt von MAN Truck Modification in Wittlich.
The large crew cab on the MAN LE2000 comes from MAN Truck Modification in Wittlich.

TLF 2500 | Poklicni Gasilci Maribor | MAN 14.285 LAC | Marijan Pusnik Avtokljucavnicarstvo | 2002 | 2500 W (kla)
Zur Beladung des Löschfahrzeuges mit fünf Einsatzkräften gehört ein hydraulischer Rettungssatz.
The five-man fire engine is equipped with a hydraulic rescue kit.

HLF 1800 | Devon and Somerset Fire and Rescue Service Wache Exeter-Middlemoor | MAN LE 14.280 | John Dennis Coachbuilder JDC | 2005 | 1800 W (sro)
Ein Löschfahrzeug in typischer britischer Bauform, bei der die Schiebleiter vom Boden entnommen wird.
A Water Rescue Ladder of typical British design with the short extension and roof ladder carried on a ladder gantry.

TLF 8200 | Devon and Somerset Fire and Rescue Service Wache Torquay | MAN 18.285 LC | Massey Tankers | 2001 | 8200 W 1000 S (sro)
18 Tonnen und 280 PS stellen die größte Ausführung der Baureihe MAN LE dar.
18 tonnes and 280 hp represent the largest version of the MAN LE series.

TLF 10.000 | Bombeiros Voluntários Sacavem | MAN 33.422 DFAK 6x6 | Consola | 1995 | 10.000 W 2000 S 750 P (klf)
Die Feuerwehr am Stadtrand von Lissabon betreut Industriegebiete und Autobahnen. Die Rosenbauer-Pumpe leistet 6000 l/min.
This fire brigade on the outskirts of Lisbon serves industrial areas and motorways. The Rosenbauer pump has a capacity of 6000 l/min.

TLF 5000 | PGD Apache | MAN 19.272 FC | Svit-Zolar | 5000 W (kla)
Das TLF der Freiwilligen Feuerwehr in Slovenien entstand aus dem Umbau eines gebrauchten MAN der F90-Serie.
This tanker of a volunteer fire brigade in Slovenia was created from the conversion of a used MAN of the F90 series.

TMB 36 | Feuerwehr St. Moritz | MAN FE 470 A 6x6-4 / 28.464 FANLC | Bronto Skylift F36 TLH | 2005 (ahe)
Die Schweizer Firma Brändle machte die Karosseriearbeiten und baute die Godiva-Pumpe WSA 3010 ein.
The Swiss company Brändle did the bodywork and installed the Godiva pump WSA 3010.

TLF 9000 | Nordvestjyllands Brandvæsen Wache Lemvig | MAN 19.314 FAEC | Vandborg Karosserifabrik | 2001 | 9000 W (ohu)
Das Chassis stammt von der dänischen Armee, 2016 erfolgte der Umbau mit einer Tragkraftspritze als Pumpe.
The chassis served in the Danish army, and in 2016 it was converted with a portable pump.

TLF | Feuerwehr Sharm El Sheikh | MAN FE 360 A (ahe)
In Ländern mit trockenem Klima und gering ausgebautem Wasserleitungsnetz gehören Großtanklöschfahrzeuge zum Fuhrpark.
In countries with dry climates and poorly developed water supply networks, large tankers are part of the vehicle fleet.

TLF 3200 | Feuerwehr Balzers | MAN 19.414 FA | Vogt | 2000 | 3200 W 200 S (klf)
Dieses war der erste MAN bei einer Feuerwehr im Fürstentum Liechtenstein. Seine Breite beträgt 2,30 m.
This was the first MAN at a fire brigade in the Principality of Liechtenstein. Its width is 2.30 m.

Die Trucknology Generation steht für Erfolg

Das Jahr 2000 markierte eine Zeitenwende bei MAN: Ins neue Millenium startete MAN mit vielen Innovationen, die der komplett neue Lastwagen „Trucknology Generation Typ A" – kurz TGA – ab 18 Tonnen Gesamtgewicht an Bord hatte. Seine Motorenpalette begann damals bei 310 PS und endete bei 510 PS. Die Produktion startete mit Sattelzugmaschinen und bis die ersten dieser neuen MAN bei den Feuerwehren eintrafen, dauerte es noch zwei bis drei Jahre. Den TGA gab es mit verschieden großen schmalen und breiten Führerhäusern.

2007 präsentierte MAN nicht nur ein Facelift sondern auch eine Aufgliederung in zwei Baureihen. Mit den breiten Fahrerhäusern heißen sie seitdem TGX, mit den schmalen Kabinen TGS. Gerade letztere Baureihe ist es, die sich besonders für schwere Löschfahrzeuge, Großtanklöschfahrzeuge, Wassertankwagen, Spezialfahrzeuge für den Brandschutz auf Flughäfen und in Industrieanlagen sowie für Drehleitern und Teleskopmaste mit hoher Reichweite eignet.

Die 2005 exklusiv von MAN eingeführte innovative Antriebstechnik MAN HydroDrive stößt auch bei den Feuerwehren auf großes Interesse. Der zuschaltbare hydrostatische Vorderachsantrieb bietet mehr Traktion bei gelegentlichen Geländefahrten. Zugleich bleiben die Vorteile eines konventionellen Hinterachsantriebs erhalten, wie eine niedrige Bauhöhe für bequemen Einstieg.

TLF 18.500 | SIS Montagnes neuchâteloises Wache La-Chaux-des-Fonds | MAN TGA 32.463 FFDC | Vogt | 2004 | 18.500 W (cdb)
Wegen Wassermangel im Schweizer Jura beschaffte der Kanton zwei TLF 18.500 für seine Berufsfeuerwehren.
Due to water shortages in the Swiss Jura, the canton procured two TLF 18.500s for its professional fire brigades.

HLF 2000 | Kobenhavns Brandvæsen| MAN TGA 18.310 4x2 LL | Rosenbauer Norge / Egenes Brannteknikk| 2002 | 2000 W 200 S (ahe)
Die zehn Fahrzeuge für Kopenhagen sollen weltweit die ersten Feuerwehrfahrzeuge auf MAN TGA gewesen sein.
The ten vehicles for Copenhagen are said to have been the first fire engines on MAN TGA worldwide.

TLF 2300 | Tårnby Brandvæsen | MAN TGA 18.310 4x2 BB | HMK Ringe Kaross | 2006 | 2300 W 100 S (ohu)
Die Plakette D20 Common Rail auf der Front weist auf den damals neuen Motor mit 10,5 Liter Hubraum hin.
The D20 Common Rail badge on the front indicates the then new engine with 10.5 litres of displacement.

TLF 8400 | Falck Holbæk Brandvæsen | MAN TGA 26.410 6x6 BB | SAWO / H.F. Nielsen | 2004 | 8400 W 90 S (ohu)
Mehrere TLF in dieser Größe mit Hilfeleistungssatz beschaffte Falck. Eingebaut ist eine Pumpe von Ruberg.
Falck procured several Tankers of this size with a rescue kit. A pump from Ruberg is installed.

TLF 7000 | Bomberos de Gran Canaria Wache San Mateo | MAN TGA 18.360 4x2 BB | Ziegler | 2009 | 7000 W 500 S (ast)
In auffälligem Schwefelgelb fahren die Feuerwehrfahrzeuge der Consorcio de Emergencias de Gran Canaria.
The fire engines of the Consorcio de Emergencias de Gran Canaria are striking sulphur yellow.

TLF 17.700 | SDIS Pyrénées-Orientales Wache Agly | MAN TGA 35.440 8x8 BB | Ochando | 2004 | 17.700 W (cdb)
Der frühere Betonmischer bekam 2010 den neuen Aufbau. Die Tragkraftspritze leistet 1500 l/min bei 35 bar.
The Chassis was a concrete Mixer until 2010. The transportable pump delivers 1500 l/min at 35 bar.

HLF 20 | Cuerpo de Bomberos Santiago de Chile 15. Deutsche Feuerwehrkompanie | MAN TGA 18.360 4x4 BB | Magirus | 2005 | 2000 W 200 S (owi)
Die von Deutschen gegründete Einheit ließ sich in Deutschland ein Hilfeleistungslöschfahrzeug mit 30 kVA Generator bauen. The unit, which was founded by Germans, had a rescue engine with a 30 kVA generator built in Germany.

TLF | Trinidad & Tobago Fire Service Wache Chaguanas | MAN TGA 26.350 6x4 BB | Carmichael + E-One (sro)
In der Kombination aus deutschem Chassis und englischem Aufbau kam ein MAN TGA in der Karibik zum Einsatz.
In the combination of German chassis and English body, a MAN TGA was used in the Caribbean.

WLF | North Wales Fire and Rescue Service Wache | MAN TGA 26.363 FDLC| Marshall SV + Multilift | 2004 (sro)
238 MAN mit 50 Abrollbehältern Wasserförderung von Kuiken Hytrans hat die Britische Regierung beschafft.
The British government has bought 238 MAN prime movers with 50 High Volume Pumping Units from Kuiken Hytrans.

GW-Dekon | North Wales Fire and Rescue Service Wache Bangor | MAN TGA 26.363 FLNC | Marshall SV | 2004 (sro)
80 MAN mit Material für die Dekontamination von 200 Personen wurden in UK beschafft. Am Heck hängt ein Mitnahmestapler.
80 MANs with material for the decontamination of 200 people were procured in the UK. A truck-mounted forklift hangs on the rear.

Rettungstreppe | Melbourne Airport | MAN TGS 33.480 6x6 BB | Rosenbauer | 2018 | 1000 W 150 S (sts)
Die Rettungstreppe fährt von 3,4 auf 8,5 Meter aus. Eingebaut ist eine Löschanlage mit Pumpe N25.
The rescue staircase extends from 3.4 to 8.5 metres. An extinguishing system with N25 pump is installed.

TLF 10.000 | DEWNR Wache Back Hill | MAN TGS 33.440 6x6 BB | Barry Stoodley | 2011 | 10.000 W (sts)
Der Aufbau mit Tank und Pumpe von GAAM mit 2200 l/min und Hatzmotor lässt sich vom Fahrgestell abnehmen.
The body with tank and pump from GAAM with 2200 l/min and engine from Hatz can be removed from the chassis.

DLK 23-12 L32A | CIS des Combins Wache Le Châble | MAN TGS 28.440 6x4-4 BL | Metz | 2011 (ers)
Wegen der Lage in den Walliser Alpen, wozu Verbier gehört, erhielt diese Drehleiter ein Allradfahrgestell.
Because of its location in the Valais Alps, which includes the winter sports resort of Verbier, this turntable ladder was given a four-wheel chassis.

TMB 45 | BF Freiburg | MAN TGS 26.480 6x2-4 BL | Rosenbauer | 2020 (klf)
Bei MAN Individual bekam das Fahrerhaus ein Flachdach. Eingebaut ist eine Pumpe mit 5500 l/min Leistung.
The driver's cab was given a flat roof by MAN Individual. A pump with a capacity of 5500 l/min is installed.

TW 10.500 | Hjørring Brandvæsen – Wache Falck Sindal | MAN TGS 26.440 6x6H BL | Falck CV Kolding | 2009 | 10.500 W 150 S (ohu)
Für zusätzliche Traktion abseits befestigter Straßen sorgt MAN HydroDrive in der Vorderachse.
MAN HydroDrive in the front axle provides additional traction off paved roads.

TLF 12.150 | Traforo del Monte Bianco | Toni Maurer TGS 35.540 8x6H-6 BL | BAI | 2012 | 12.150 W 1000 S (klf)
Drei Achsen des Tunnellöschfahrzeuges sind gelenkt. Die 2. Achse hat mit MAN HydroDrive einen hydrostatischen Antrieb.
Three axles of the tunnel fire-fighting vehicle are steered. The second axle has a hydrostatic drive with MAN HydroDrive.

TLF 9500 | PSP Krakow | MAN TGS 26.440 6x6 BB | Stolarczyk | 2010 | 9500 W 500 S (mkl)
Zum Fuhrpark der Berufsfeuerwehr Krakau gehören mehrere Großtanklöschfahrzeuge auf MAN TGA und TGS.
The fleet of the Krakow professional fire brigade includes several large tankers on MAN TGA and TGS.

TMB 44 | Hasičský a Záchranný Zbor Bratislava Wache Dúbravka| MAN TGS 26.440 6x4 BB | Bronto Skylift | 2009 (mkl)
Fünf Berufsfeuerwehren in der Slowakei erhielten diese TMB 44 mit Aufbau Bronto vom Typ F 44 RLX.
Five professional fire brigades in Slovakia received these Bronto Skylift Aerial platforms of the type F 44 RLX.

TLF 3500 | PGD Ravne na Koroskem | MAN TGS 18.320 4x4 BB | Euro GV | 2008 | 3500 W 500 S (kla)
Euro GV ist ein slowenischer Aufbauhersteller. Dieses TLF setzte bis 2019 die Berufsfeuerwehr von Ravne ein.
Euro GV is a Slovenian bodybuilder. This tanker was used by the professional fire brigade of Ravne until 2019.

WLF | Landkreis Potsdam Mittelmark Feuerwehrtechnisches Zentrum Beelitz-Heilstätten | MAN TGS 41.500 8x6 BB | CTM & Rosenbauer | 2020 (stf)
Wechselladesystem und Kran sind von Palfinger. Mitgeführt wird der Abrollbehälter Logistik.
The interchangeable loading system and crane are from Palfinger. The logistics roll-off container is carried on board at all times.

TLF 9000 | Bombeiros Sapadores de Setubal | MAN TGS 35.480 8x4 BB | Jacinto | 2014 | 9000 W 1000 S (klf)
Im Sonderlöschfahrzeug dieser portugiesischen Berufsfeuerwehr ist eine FPN 10-6000 eingebaut.
A FPN 10-6000 is installed in the special fire engine of this Portuguese professional fire brigade.

WLF | BF Hagen | MAN TGX 26.400 6x2-4 BL | Gergen | 2010 (mkl)
Das breite Fahrerhaus unterscheidet die MAN TGX von den bei der Feuerwehr häufiger eingesetzten MAN TGS.
The wide cab distinguishes the MAN TGX from the MAN TGS more commonly used by the fire brigades.

Einsatzbereit mit MAN TGL und TGM

Auf der Interschutz 2005 zeigte MAN erstmals ein Einsatzfahrzeug der neuen leichten Baureihe TGL, die sich anschickte, die Nachfolge des LE 2000 anzutreten. Bei dem TGL handelt sich um zweiachsige Chassis mit Straßenantrieb in der Gewichtsklasse von 7,49 bis 12 Tonnen. Allradvarianten gibt es nicht.

Dafür ist der MAN TGM zuständig, der die Gewichtsklasse von 12 bis 18 Tonnen abdeckt. 2006 sah man die ersten Einsatzfahrzeuge auf TGM bei deutschen Feuerwehren. Einzigartig ist die serienmäßige Luftfederung an der Hinterachse in der Allradausführung von 12 bis 15,5 Tonnen Gesamtgewicht. Die Vorteile lauten: hoher Fahrkomfort sowie Schonung von Fahrzeug, Aufbau, Besatzung und Beladung. Auf dem stückzahlenträchtigen deutschen Markt decken die Baureihen TGL und TGM den größten Teil der Einsatzaufgaben ab. Nicht nur in den anderen europäischen Ländern, sondern auch bei Feuerwehren in Asien oder Afrika haben sich beide Baureihen bestens etabliert.

Hierzu trägt die ab Werk angebotene Vielfalt an Fahrerhäusern bei. Neben dem dreiplätzigen Nahverkehrshaus ist besonders die Doppelkabine mit maximal sieben Plätzen zu nennen. Unterschiede in der Qualität, der Ausstattung oder in der Lackierung gibt es dabei nicht, denn MAN fertigte sie auf demselben Montageband. Ergänzend bot sich die neunplätzige Mannschaftskabine aus den MAN Truck Modification Centers in Wittlich an.

Das Motorenprogramm im MAN TGL setzte sich von Anfang an aus 4- und 6-Zylindermotoren von 150 PS bis 240 PS – später 250 PS – zusammen. Im MAN TGM kamen nur die 6-Zylinder-Motoren mit zuerst 240 PS, 280 PS und 330 PS zum Einbau. Im Rahmen von technischen Weiterentwicklungen zur Einhaltung von Abgasvorschriften erhöhte sich deren Motorleistung einheitlich um 10 PS auf 250, 290 und 340 PS. Diese mit CommonRail-Einspritzung versehene MAN-Motorenbaureihe schaffte die Anforderungen zur Abgasreinigung in den Stufen Euro 3 bis Euro 5 ohne Zugabe des Betriebsstoffes AdBlue. Erst mit der Einführung des Euro 6-Abgasstandards zur IAA 2012 benötigten auch sie diesen Zusatz. Optisch waren die MAN TGL und TGM in der Euro 6-Ausführung an einer leicht veränderten Frontgestaltung zu erkennen.

Da auf der Alarmfahrt die Spurtstärke eine höhere Bedeutung hat als ein auf Wirtschaftlichkeit ausgelegter Fahrstil bei Verteiler- oder Fernverkehrsfahrzeugen, baut MAN seit 2013 bei der automatisierten Schaltung TipMatic eine für Einsatzfahrzeuge optimierte Schaltstrategie ein. Sie zeichnet sich durch eine kraftvolle Beschleunigung aus.

Mit „New Truck Generation“ in die Zukunft

Im Februar 2020 hatte die neue Truck Generation ihren ersten Auftritt in der Öffentlichkeit und bei der Fachwelt. Danach dauerte es noch einige Monate, bis die Feuerwehrfahrzeugaufbauer erste Einsatzfahrzeuge auf MAN TGL, TGM und TGS präsentierten. Die Baureihen TGS und TGX laufen in den beiden Werken München und Krakau vom Band. Die Fertigung der Baureihen TGL und TGM wird wegen des Verkaufs des Werks Steyr im Jahr 2023 von Österreich nach Polen umziehen. Das Werk bei Krakau stellt dann alle vier Lastwagenbaureihen her.

WLF | Hasičský Záchranný SBOR Plzeňzkého Kraje Wache Tachov| MAN TGL 10.180 4x2 BB | 2008 (kla)
Der ältere der beiden in der Stadt Tachov stationierten WLF auf MAN TGL transportiert den AB-Wasserrettung.
The older of the two skip loaders on MAN TGL stationed in the city of Tachov transports the container for water rescue.

TLF 1000 | Bedrijfsbrandweer Royal Flora Holland, Aalsmeer | MAN TGL 8.240 4x2 BB | Rosenbauer 2007 | 1000 W (mkl)
Die großflächigen Rollladen bei der Rosenbauer Compactline für Fahrgestelle bis 13 Tonnen öffnen elektrisch.
The large-area roller shutters on the Rosenbauer Compactline for chassis up to 13 tonnes open electrically.

Turbinenlöschfahrzeug | San José Chiapa Audi Mexico | MAN TGL 7.180 4x2 BB | Magirus | 2015 (klf)
Die AirCore Turbine zeigte Magirus auf einem MAN-Fahrgestell mit 7,49 Tonnen auf der Messe Interschutz 2015.
Magirus showed the AirCore Turbine on a MAN chassis weighing 7.49 tonnes at the Interschutz 2015 trade fair.

TMB 25 | JRG Kostrzyn | MAN TGL 12.240 4x2 BL | Bumar | 2017 (kla)
Auf der größten und stärksten Ausführung des MAN TGL baute der polnische Hebebühnenhersteller Bumar auf.
The Polish manufacturer of aerial platforms Bumar built on the largest and strongest version of the MAN TGL.

HLF 1800 | Lincolnshire Fire & Rescue Wache Binbrook | MAN TGL 12.240 BL| John Dennis Coachbuilder JDC | 2014 | 1800 W 100 S (ahe)
Die 20 Fahrzeuge mit dem Löschsystem Cold Cut Cobra stationierte die Feuerwehr der Grafschaft Lincolnshire so, dass eines bei Gebäudebränden schnell vor Ort sein sollte.
20 engines ordered with Cold Cut Cobra. Located around the county so that one should arrive first at any house fire in Lincolnshire.

GW-G | Centre de Secours Strasbourg-Ouest | MAN TGL 12.220 4x2 BL | Behm | 2015 (mkl)
Für Gefahrguteinsätze setzt die Feuerwehr des Departements Bas-Rhin einen MAN TGL in Euro 6-Ausführung ein.
The fire brigade of the Bas-Rhin department uses a MAN TGL in Euro 6 design for Hazmat operations.

TLF 1800 | Manchester Airport |MAN TGL 12.250 4x2 BL | Szczęśniak | 2016 | 1800 W (ahe)
Für Einsätze im Terminal und in Parkhäusern setzt der Flughafen diesen MAN TGL in Euro 6-Ausführung als Kleintanklöschfahrzeug mit polnischem Aufbau ein.
For operations in the terminal and in multi-storey car parks, the airport uses this MAN TGL in Euro 6 design as a small water tender with a Szczęśniak Polish body.

TLF | Jordan Civil Defense Wache Qada' Malech | MAN TGM 18.280 4x4 BB | Ziegler (rju)
Ziegler lieferte eine Serie von Tanklöschfahrzeugen mit Hilfeleistungsausrüstung nach Jordanien.
Ziegler delivered a series of fire fighting tankers with auxiliary equipment to Jordan.

TLF 2000 | Brandweer Sint Anthonis | MAN TGM 15.280 4x4 BL | HDS | 2009 | 2000 W (mkl)
Auf der Kombination aus MAN TGM der 1. Baureihe und der Mannschaftkabine von MAN Individual baute HDS auf.
HDS built on the combination of the MAN TGM 1st series and the crew cab from MAN Individual.

HLF 1800 | Lincolnshire Fire & Rescue Wache Skegness | MAN TGM 13.240 4x2 BL | Ziegler | 2007 | 1800 W 100 S (ahe)
33 baugleiche Water LadderRescue stehen auf den 38 Feuerwachen des Lincolnshire Fire and Rescue Service.
33 identical Water Ladder Rescue units are located at Lincolnshire Fire and Rescue Service's 38 fire stations.

TLF 3000 | DEWNR Wache Eurilla | MAN TGM 15.290 4x4 BB | 3000 W (sts)
Das Dept. for Environment and Water hat auf fünf von 22 Wachen der South Australian National Parks diese Löschfahrzeuge auf MAN stationiert.
The Dept. for Environment and Water has stationed these appliances on MANs at five of the 22 fire stations in the South Australian National Parks.

TLF 3200 | Feuerwehr Yaounde Wache Mimboman | MAN TGM 13.290 4x4 BL | PA Fire-Fighting Special Technics | 3200 W 400 S (rju)
Russland unterstützt das Corps National de Sapeurs-Pompiers Cameroun mit Fahrzeugen, die in Moskau im Joint Venture mit Teilen und Pumpen von Rosenbauer gebaut wurden.
Russia supports the Corps National de Sapeurs-Pompiers Cameroun with vehicles built in Moscow in a joint venture with parts and pumps from Rosenbauer.

TLF 2300 | Falck Arden, Mariagerfjord Beredskab | MAN TGM 15.290 4x2 BL | WISS Warwrzaszek | 2013 | 2300 W 100 S (mkl)
Der in Dänemark weit verbreitete Dienstleister Falck A/S kaufte 2013 erstmalig 18 Fahrzeuge bei WISS.
The service provider Falck A/S, which is widely used in Denmark, purchased for the first time 18 vehicles from WISS in 2013.

TLF 3700 | Feuerwehr Jerusalem | MAN TGM 13.250 4x4 BL | 3700 W 20 S (rju)
Das Waldbrandtanklöschfahrzeug spendete eine Bürgerin aus den USA über den Jewisch National Fund.
The forest fire tanker was donated by a citizen from the USA through the Jewish National Fund.

TLF 2000 | CGDIS Incendie et Sauvetage Grevenmacher | MAN TGM 15.290 4x2 LL | Rosenbauer | 2013 | 2000 W (mkl)
Seit mehr als 25 Jahren liefert Rosenbauer Fahrzeuge mit dem AT-Aufbau weltweit an Feuerwehren.
Rosenbauer has been supplying vehicles with the AT body to fire brigades throughout the world for more than 25 years.

LF 1400 | Feuerwehr Rotorua | MAN TGM 15.290 4x2 BL | Fraser | 2017 | 1430 W 53 S (klf)
Das Löschfahrzeug erhielt eine mittig eingebaute Pumpe von Darley und die Mannschaftskabine von MAN Individual.
Pumper Type 3 with mid-ship Pump from Darley and long crew cab from MAN Individual.

TLF 3000 | Bombeiros Voluntários Guarda | MAN TGM 13.290 4x4 BL | Jacinto | 2012 | 3000 W (klf)
Der größte Feuerwehrfahrzeughersteller in Portugal baut in die TLF Pumpen von Godiva ein.
The largest fire truck manufacturer in Portugal installs Godiva pumps in its appliances.

TLF 2500 | OSP Studniska | MAN TGM 13.290 4x4 BB | Stolarczyk | 2013 | 2500 W (kla)
Die Feuerwehr im niederschlesischen Studniska setzt ein TLF mit Singlebereifung für Geländefahrten ein.
The fire brigade in Studniska in Lower Silesia uses an appliance with single tyres for off-road driving.

HLF 20 | Valdivia 1. Feuerwehrkompagnie Germania | MAN TGM 15.290 4x2 BB | Gimaex | 2015 | 2000 W (klf)
Deutsche Einwanderer gründeten diese Feuerwehr in Chile. Eingebaut sind ein 30 kVA-Generator und eine Seilwinde.
German immigrants founded this fire brigade in Chile. A 30 kVA generator and a winch are installed.

TLF 3000 | Cape Town Fire and Rescue Service | MAN TGM 18.330 4x4 BB | FES | 3000 W 200 S (rju)
FES aus Kapstadt baute mehrere TLF mit der Rosenbauer NH35-Pumpe für die Feuerwehr seiner Heimatstadt.
FES from Cape Town built several appliances with the Rosenbauer NH35 pump for the fire brigade of its home town.

DLK 23-12 | SDIS Chablais Wache Aigle | MAN TGM 18.340 4x2 BL | Feumotech Gimaex | 2015 (ers)
Die Feuerschutzversicherung des Kanton Waadt (ECA) hat für Stützpunktwehren diese Drehleiter beschafft.
The fire protection insurance of the canton of Vaud (ECA) has procured this turntable ladder for support fire brigades.

Rettungstreppe | Aéroport International de Genève | Toni Maurer TGM 18.340 4x4 BB | Rosenbauer | 2015 (thb)
Die Firma Toni Maurer baute das Fahrgestell um für die Montage der Rettungstreppe E 3000.
The Company Toni Maurer converted the chassis so that Rosenbauer could install its E3000 escape stair.

TLF 5000 | Falck Haderslev Brand & Redning | MAN TGM 18.340 4x2 LL | Ziegler | 20014 | 5000 W (ohu)
Die vier baugleichen MAN TGM mit Vollluftfederung und Ziegler-Aufbau blieben einzigartig in Dänemark.
The four identical MAN TGM with full air suspension and Ziegler bodies remained unique in Denmark.

TLF | Bomberos Voluntarios Santiago del Teide Wache Pueblo | MAN TGM 15.320 4x2 BL | Rosenbauer | 2019 (ast)
Bei der spanischen Niederlassung von Rosenbauer erhielt der MAN TGM in Euro 6 Ausführung seinen Aufbau.
At Rosenbauer's Spanish subsidiary, the MAN TGM in Euro 6 design received its bodywork.

TLF 2000 | FF Seiser Alm / Vigili del Fuoco Volontari Alpe di Siusi | MAN TGM 13.290 4x4 BL | Kofler | 2018 | 2000 W (cdb)
Wie in Südtirol üblich ist die Beschriftung zweisprachig. Der Aufbau stammt von der Südtiroler Firma Kofler.
As usual in South Tyrol, the lettering is bilingual. The bodywork was made by the South Tyrolean company Kofler.

TLF 3000 | Bombeiros Voluntários Vila Nova de Poiares | MAN TGM 13.290 4x4 BL | Jacinto | 2015 | 3000 W (klf)
Diese in Portugal typischen Waldbrandtanklöschfahrzeuge verfügen über Atemluftversorgung in der Kabine.
These forest fire tankers, typical in Portugal, have breathing air supply in the cabin.

MAN TGE als Einstieg ins Transportergeschäft

„Das ist kein Van. Das ist ein MAN." Mit diesem Slogan unterstrich der MAN TGE im Jahr 2016 seine Weltpremiere. Für die Produktion dieser Gemeinschaftsentwicklung von Volkswagen Nutzfahrzeuge und MAN baute VW ein neues Werk in Polen. Die Variantenvielfalt ergibt sich aus mehreren Radständen, einem zulässigen Gesamtgewicht von 3000 kg bis 5500 kg, vier Motorleistungen von 102 PS bis 177 PS sowie Front-, Heck- oder Allradantrieb. Daraus ergibt sich eine große Vielfalt an Einsatzfahrzeugen, für die Einsatzleitwagen, Mannschaftstransporter, Rettungswagen und Tragkraftspritzenfahrzeuge stellvertretend stehen.

ELW | MAN TGE 4.180 4x4 | FF Hassfurt | Frey | 2020 (jwe)
Der Einsatzleitwagen entstand auf der Ausführung des Kombi mit Hochdach und Allradantrieb.
The command vehicle was based on the Kombi version with high roof and all-wheel drive.

MAN SX sorgte für Sicherheit auf Flughäfen

Für die hochgeländegängigen Militärfahrgestelle der KAT-Serie fand MAN auch zivile Anwendungen, insbesondere als Flughafenlöschfahrzeuge. So lieferte Rosenbauer eine ganze Fahrzeugfamilie an die südafrikanische Luftwaffe: den Jumbo Cheetah, den Super Buffalo und das Spitzenmodell Bush Panther.

Das größte Feuerwehrfahrzeug auf MAN-Fahrgestell findet sich auf den Flughäfen. Aus der hochgeländegängigen, überbreiten Militärfahrzeugbaureihe entstand ab 1991 der MAN SX 36.1000 8x8. Der verwindungssteife Kastenrahmen, Schraubenfederung, vier Starrachsen und ein 1000 PS starker V12-Zylinder-Motor erlaubten nicht nur schnelle Beschleunigung und hohe Geschwindigkeit sondern auch sichere Fahrstabilität bei Kurvenfahrt und im Gelände. Geliefert wurde das im Werk Wien gebaute Chassis mit einem Fahrerhauspodest, wobei der Fahrerplatz zur Mitte gerückt war. Die Aufbauhersteller setzten Pumpen, Löschmittelbehälter und Kabinen auf. In diesem sehr speziellen Segment der leistungsstarken Flugfeldlöschfahrzeuge nahm MAN schnell eine weltweit führende Marktposition ein. Etwa 165 dieser MAN-Fahrzeuge sicherten in Europa, Asien und Afrika den Flugzeugbrandschutz. Mit einem solchen MAN fuhr die Flughafenfeuerwehr München 1991 mit 142,3 km/h den Weltrekord als schnellstes Feuerwehrfahrzeug.

Vorgaben der ICAO (International Civil Aviation Organisation) führten 2005 zur Überarbeitung der Konstruktion. Der MAN SX 43.1000 8x8 war das Ergebnis, bei dem der Motor nun im Heck saß. Da dieser Motor nur bis zur Euro 3-Abgasstufe erhältlich war, lief die Nachfrage nach diesem MAN-Spezialfahrzeug zu Beginn des zweiten Jahrzehnts aus.

MAN Partner der Feuerwehr

Der enge Kontakt von MAN zu den Aufbauherstellern und zu den Kunden in den Feuerwehren hat sich in Fahrgestellen niedergeschlagen, die für den Aufbau die ideale Basis darstellen. Seit mehr als zwei Jahrzehnten ist MAN in Österreich unangefochten Marktführer bei Feuerwehrfahrzeugen. MAN nimmt bei einigen deutschen Großstadtfeuerwehren seit Jahrzehnten die Stellung des Hauslieferanten ein. Bei Ausschreibungen der Bundesrepublik Deutschland für Katastrophenschutzfahrzeuge konnte MAN mehrfach große Lose für sich entscheiden. Zu nennen sind dabei die 228 Rüstwagen RW 1 auf dem VW-MAN-Fahrgestell, 371 MAN der L90-Baureihe mit Doppelkabine als Gerätewagen-Dekontamination GW-Dekon P sowie mehrere Lose auf der Nachfolgegeneration TGM. Im Jahr 2013 schloss MAN die Auslieferung von 190 MAN als Löschgruppenfahrzeuge LF-KatS ab.

Lag in Deutschland der MAN-Marktanteil bei den Feuerwehrfahrzeugen in der Gewichtsklasse über 7,5 Tonnen im Jahr 1990 noch bei sechs Prozent, so stieg er rasant auf 40 Prozent zu Beginn dieses Jahrhunderts an und stabilisierte sich in den letzten Jahren auf hohem Niveau von über 60 Prozent.

Summary

MAN is known worldwide as a manufacturer of trucks, buses and diesel engines. Behind the three letters MAN lies an industrial history with a long tradition. Steam engines, diesel engines, printing presses, steel production, turbines, bridge constructions and a multitude of other products stood for forward-looking innovations and high-tech products in their eras. The historical roots go back to 1758 to a smelting works. In its history of more than 260 years, Maschinenfabrik Augsburg Nürnberg has always changed and adapted to the times, which is why in 1915 plans were made to expand the product range to include trucks. As a result, today's MAN Truck & Bus SE looks back on a partnership of just over a hundred years with the fire brigades as a supplier of chassis for the emergency vehicles.

In the beginning, the company looked for an experienced partner and found one in Switzerland. As a sign of the cooperation, the first trucks bore the name M.A.N.-Saurer until 1918. The year 1925 was of particular significance for MAN. The first truck with a diesel engine, newly designed in-house, left the factory halls in Nuremberg. A type reduction imposed by the state in the 1930s until the end of the Second World War limited MAN's vehicle range to two types with 4.5 and 6.5 tonnes payload. These chassis were too heavy for the fire engines required at the time.

The MAN Bonnet chassis brings the breakthrough

At the IAA 1955 MAN presented an elegantly styled truck with a panoramic windscreen. Its soft design language met the taste of the economic miracle era. This then rolled off the production line in Munich. Because when the Nuremberg plant reached its capacity limits, MAN looked for a solution and found it in Munich. There the US Army had expanded a former factory into the central repair base in Europe and now no longer needed it. The construction of trucks, buses and tractors moved to Munich from 1955, while engine development and production remained in Nuremberg.

The MAN 450 HA-LF (4-tonne payload, 156 hp, all-wheel-drive bonnet chassis for fire-fighting vehicles) ensured that MAN built up a reputation at home and abroad, not only in the construction industry but also among fire brigades, as a manufacturer of robust and all-terrain vehicles. At the beginning of the seventies there was a new bonnet. It could be folded up in one piece and gave the mechanic free access to the engine. At the same time, the type designation changed. In front of the dot is the permissible total weight in tonnes, behind it the power in hp. In Germany, the professional fire brigades in Berlin and Nuremberg were among the first to equip their fleets with trucks from MAN. In Denmark, too, the rescue service provider Falck and many fire brigades opted for the truck from Munich.

With the G-series into a new market segment

From 1979 to 1993 MAN entered into a cooperation with VW in order to be represented in the market for light commercial vehicles weighing six tonnes or more. This is indicated by the two logos on the front grille of the G-series. MAN supplied the engines, frames and front axles. VW contributed the cab, five-speed synchronous gearbox and rear axles familiar from the VW LT.

Suppliers in all tonnage classes with L, M and F

With the L2000, MAN presented the light series from 6 to 10.5 tonnes in 1993 as the successor to the G-series. For the driver's cab, the traditional Austrian company Steyr, which joined MAN in 1989, was used. Later, the Day Cab and the long cab as well as the double cab from the L-series were also fitted to chassis up to 18 tonnes. The MAN M90 for tonnage from 12 to 18 tonnes had already been available since 1988. This gave MAN a strong boost in the fire brigade market. Among the plus points were the cab with generous space and an engine with 230 hp that was in line with the market.

When municipal fire brigades and works fire brigades asked MAN for chassis from 18 tonnes for telescopic masts, large tank fire-fighting vehicles, industrial fire-fighting vehicles or interchangeable loaders, the answer was F90. Two-, three- and four-axle vehicles with road or all-wheel drive with 290 to 460 hp were able to satisfy the needs of the fire brigades in their variety. This wide range from the L, M and F series enabled MAN to position itself excellently in the international market. More and more bodybuilders in Europe, Africa and Asia were using MAN chassis as the basis for their emergency vehicles.

MAN SX ensures safety at airports

The largest fire-fighting vehicle on an MAN chassis is found at airports. From 1991, the MAN SX emerged from the high-capacity, extra-wide military vehicle series. Its torsionally rigid box frame, coil suspension, four rigid axles and a 1,000 hp V12 cylinder engine allowed not only fast acceleration and high top speed but also safe driving stability when cornering and off-road. The superstructure manufacturers placed pumps, extinguishing agent tanks and cabs on the chassis. In the very specialised segment of high-performance airfield fire-fighting vehicles, MAN quickly took a leading market position worldwide. Some 165 MANs provided aircraft fire protection. Since the 1000 hp engine was only available up to the Euro 3 emission level, production ended after about 20 years.

WLF | CGDIS Remich | MAN 7 t mil gl | Guima | 1983 Umbau 2004 (mkl)
Das ehemalige hochgeländegängige Militärfahrzeug erhielt einen Kran von Palfinger und ein Hakenabrollgerät.
The former high-clearance military vehicle was fitted with a Palfinger crane and a hook loader.

The Trucknology Generation stands for success

The year 2000 marked a turning point at MAN: MAN entered the new millennium with many innovations, the completely new truck called the "Trucknology Generation". Production started with semitrailer tractors and chassis of the TGA series from 18 tonnes gross weight. It was available with different sized, narrow and wide cabs. In 2007 MAN presented not only a facelift but also a division into two series. With the wide cabs they have since been called TGX, with the narrow cabs TGS. From 2005 onwards, these heavy MANs benefited from the innovative drive technology HydroDrive, a switchable hydrostatic front-axle drive system introduced exclusively by MAN. From 2005, the Trucknology Generation was followed by the MAN TGL from 7.49 to 12 tonnes gross weight. This is only available as a 4x2. The MAN TGM closes the gap from 12 to 18 tonnes. The air suspension on the rear axle in the4x4 drive version is unique. The advantages are high driving comfort and protection of the vehicle, body, crew and load. The MAN TGM series in particular has become very well established with fire brigades on many continents.

In February 2020, the new truck generation from MAN made its first public appearance. The TGL, TGM, TGS and TGX series are still available for fire brigades. The MAN TGS and TGX come off the production lines at the two plants in Munich and Krakow. Production of the TGL and TGM will move from Austria to Poland in 2023 due to the sale of the Steyr plant. The plant near Krakow will then produce all four truck series.

Since 2016, the MAN TGE has supplemented the product portfolio as a van. The joint development of Volkswagen Commercial Vehicles and MAN is available in a wide range of variants with several wheelbases, a permissible gross weight of 3.0 to 5.5 tonnes, four engine outputs from 102 hp to 177 hp and front, rear or all-wheel drive.

In Germany, MAN's market share for fire-fighting vehicles in the weight class above 7.5 tonnes was still 6 percent in 1990, but it rose rapidly to 40 percent at the beginning of this century. For several years now it has remained stable at a high level of over 60 percent.

FLF 2000 | South African Air Force Wache Ysterplaat| MAN 14.440 FAEG | Rosenbauer | 2000 W (ahe)
15 Jumbo Cheetah auf schraubengefederten Chassis lieferte Rosenbauer zwischen 1984 und 1988 nach Südafrika.
Rosenbauer delivered 15 Jumbo Cheetah on coil-sprung chassis to South Africa between 1984 and 1988.

FLF 8000 | South Africa Air Force Wache Ysterplaat | MAN 24.460 DFAEG | Rosenbauer | 8000 W 800 S (lyd)
Den dreiachsigen Super Buffalo auf KAT IA1 beschafften Flughäfen in Norwegen und die Luftwaffe in Südafrika.
The three-axle Super Buffalo on KAT IA1 was procured by airports in Norway and the Air Force in South Africa.

FLF 12.000 | South African Air Force Wache Ysterplaat | MAN 38.1000 8x8 VFAEG | Rosenbauer | 12.000 W 1500 S 500 P (ahe)
Der Bush Panther war eine Entwicklung auf dem MAN KAT IA1.1.-Chassis für die südafrikanische Luftwaffe.
The Bush Panther was a development on the MAN KAT IA1.1. chassis for the South African Air Force.

FLF 8000 | Flughafen Zürich | MAN SX 36.1000 VFAEG | Saval-Kronenburg | 1994 | 8000 W 1500 S (thb)
Noch heute hält ein MAN SX-Chassis den Geschwindigkeitsweltrekord von 142,3 km/h für FLF.
Even today, a MAN SX chassis holds the world speed record of 142.3 km/h for ARFF.

FLF 12.500 | Dubai Intern. Airport | MAN SX 43.1000 8x8 | Rosenbauer | 2005 | 12.500 W 1500 S 1000 P (rbi)
Bei der 2. Bauart der MAN SX saß der 1000 PS-Motor im Heck. Dieses erste FLF erhielt der Flughafen Dubai.
In the 2nd design of the MAN SX, the 1000 hp engine was located in the rear. This first vehicle: Dubai Airport.

TLF 30/45-5 | WF MIBRAG Profen | MAN 15.232 DFAEG | Rosenbauer | 1994 | 4500 W 500 S (man)
In den Tagebauen des mitteldeutschen Braunkohlenreviers liefen drei TLF auf MAN LX90-Fahrgestell.
In the opencast mines of a German lignite mining area, three tankers on MAN LX90 chassis were in operation.

ELW | BF Nürnberg | MAN SÜ 240 | Bachert | 1981 (klf)
Der Einsatzleitwagen gliedert sich von vorne nach hinten in Telefonkabine, Funkraum und Besprechungsraum.
The command vehicle is divided from front to back into a telephone booth, radio room and conference room.

ELEKTRO-
FAHRZEUG
Mona
FEUERWEHR
BETRIEBSFEUERWEHR
WIENER NETZE
KDO
FW 330 W

LEISE SUMMEND ZUM EINSATZ

Der Kommandowagen der Betriebsfeuerwehr Wiener Netze fährt elektrisch. Im Sommer 2021 nahm der MAN TGE 3.140 E auf dem Betriebsgelände in Wien-Simmering seinen Dienst auf. Die Wiener Netze versorgen die Stadtbevölkerung und Unternehmen mit Strom, Gas, Fernwärme und Telekommunikation. In der Unternehmenszentrale auf dem ehemaligen Gaswerksgelände arbeiten 2000 Mitarbeiter. Das Herzstück bildet der „Smart Campus". Es handelt sich um eines der weltweit größten Gebäude nach Passivhausstandard. Es umfasst Büroarbeitsplätze, Werkstätten, Lager und Steuerzentralen für Strom und Gas. Ganz praktische Gründe hatte die Entscheidung für den elektrisch angetriebenen MAN TGE. Zum einen sind die Fahrwege auf dem Gelände sehr kurz, maximal ein bis drei Kilometer. Solch kurze Distanzen belasten einen Verbrennungsmotor und erhöhen den Wartungsaufwand. Zum anderen stammt der Strom für den KDO – so die österreichische Bezeichnung für Kommandowagen – aus der Eigenproduktion. Rund 3000 Photovoltaikmodule befinden sich auf den Dächern des Wiener Netze Campus. Die Gründung der freiwilligen Betriebsfeuerwehr erfolgte 1953 in den damaligen Gaswerken Leopoldau und Simmering. Aktuell versehen fünf Frauen und 17 Männer ihren Dienst. Dafür steht ihnen neben dem KDO noch ein 2015 gebautes TLF 2000-200 auf MAN TGM mit Aufbau von Rosenbauer zur Verfügung.

Der MAN TGE 3.140 E

Nur zwei Jahre nach der Vorstellung des MAN TGE folgte die nächste Premiere: auf der IAA 2018 stellte MAN den elektrisch angetriebenen TGE vor. Sein 100 kW starker Elektromotor treibt über ein 1-Gang-

Seit Sommer 2021 läuft bei der Betriebsfeuerwehr Wiener Netze ein Kommandowagen auf MAN TGE 3.140 E mit Hochdach. (thl)
Since the summer of 2021, the Wiener Netze plant fire brigade in Vienna has been running a command vehicle on a MAN TGE 3.140 E with a high roof.

Getriebe die Vorderachse an. 290 Nm Drehmoment stehen aus dem Stand bereit zur vollen Leistungsentfaltung, im Gegensatz zu einem Dieselmotor, bei dem sich Leistung und Drehmoment über die Motordrehzahl erst aufbauen müssen. Als Reichweite gibt MAN auf Basis des anspruchsvollen WLTP-Testzyklus 110 bis 115 km an.

Die Batterie ist unter dem Fahrzeug verbaut und liefert die Energie zum Fahren, Heizen und Kühlen des Innenraums. Die Nennenergie dieser Lithium-Ionen-Hochvoltbatterie liegt bei 35,8 kWh. Die bei der Rekuperation – also der Bremsenergie-Rückgewinnung – gewonnene Energie wird von der Leistungs- und Steuerelektronik der Batterie zugeführt. Die Ladesteckdose verbirgt sich hinter dem Tankdeckel. Vielfältig sind die Lademöglichkeiten: entweder Wechselstrom über Ladekabel von der 230 V- sowie 360 V-Steckdose und an der Wallbox oder Gleichstrom von der Ladestation. Wegen der Unterbringung der Batterie im Unterboden bleibt das Ladevolumen des Kastenwagens oder Kleinbusses mit knapp 10,7 m^3 auf dem Niveau der konventionellen Modelle des MAN TGE mit Heckantrieb.

Die beiden großen Rundinstrumente mit mittigem Display muten auf den ersten Blick ganz gewohnt an. Aber die vermittelten Informationen sind – bis auf die Geschwindigkeit – ganz andere. Der Fahrer sieht Anzeigen zum Ladezustand der Batterie, der verfügbaren Leistung und den Powermeter. Dieser informiert über die Leistungsabnahme oder ob eine Energierückgewinnung (Rekuperation) beim Abbremsen erfolgt.

Ein weiterer Unterschied zum Geschwistermodell mit Dieselmotor zeigt sich beim Service. Es fällt kein Ölwechsel, kein Austausch von Öl- und Luftfilter an. Trotzdem bleiben zeit- und laufleistungsabhängige Inspektionsintervalle. Erstmalig nach 30.000 km oder 24 Monaten, danach alle 12 Monate oder 30.000 km – je nachdem, was zuerst eintritt.

Von Haus aus punktet der elektrische MAN eTGE mit einer sehr umfangreichen Palette an Sicherheitsfeatures: Licht und Tagfahrlicht in LED mit Fernlichtassistent, Airbags, Rückfahrkamera und mehrere Assistenzsysteme. Verfügbar sind Spurhalte-, Berganfahr-, Fernlicht-, Flankenschutz-, Müdigkeits-, Notbrems- und Seitenwindassistent sowie Einparkhilfen vorne und hinten. Außerdem stehen noch zur Wahl: Geschwindigkeitsregelanlage, Geschwindigkeitsbegrenzer, Regen/Lichtsensor, Multikollisionsbremse, Verkehrszeichenerkennung sowie das Reifenfülldruck-Kontrollsystem.

Summary

Since the summer of 2021, the Wiener Netze volunteer plant fire brigade in Vienna (Austria) has been driving electrically powered fire appliances. There were very practical reasons for the energy provider's decision in favour of MAN TGE 3.140 E vehicles. For one thing, the journeys on the site are only one to three kilometres. For another, the electricity for the command vehicle comes from the company's own production. Around 3,000 photovoltaic modules are located on the roofs of the campus.

Technische Daten / Technical Data

Fahrgestell / Chassis	MAN TGE 3.140 E
Leistung / Power	100 kW
Max Drehmoment / Torque	290 Nm
Max Drehzahl / rpm	12.000 min^{-1}
Nennkapazität der Batterie / Capacity of Battery	35,8 kW/h
Reichweite / Reach	110 – 115 km nach WLTP
Radstand / Wheelbase	3640 mm
Zul. Gesamtgewicht / Vehicle Gross Weight	3,5 t
Nutzlast / Payload	Ca. 950 kg
Höchstgeschwindigkeit / Maximum Speed	90 km/h
Sitzplätze / Seats	8

MAN presented the eTGE at the IAA 2018. Its 100 kW electric motor drives the front axle via a 1-speed gearbox. 290 Nm of torque are available from standstill for full power development. MAN specifies a range of 110 to 115 km according to the WLTP test cycle. Due to the fact that, the lithium-ion high-voltage battery is located under the floor of the vehicle, the load volume of the van or minibus of just under 10.7 m³ remains on a par with conventional models with rear-wheel drive. The eTGE comes with a comprehensive range of standard safety and assistance systems.

eTGE im Test in Frankreich

Sapeurs Pompiers de l'Essonne steht neben dem MAN-Logo, denn drei Monate lang testete im Sommer die Feuerwehr den eTGE. Als dritter Partner beteiligte sich der Feuerwehrfahrzeugausrüster Procar an dieser Aktion. Das Département liegt im Großraum Paris. „Wir werden nach und nach gezwungen sein, auf Hybrid- oder Elektrofahrzeuge umzusteigen. Diese Aktion ermöglicht es uns, einen ersten Versuch mit einem Einsatzfahrzeug im Département Essonne durchzuführen" erklärte dazu das SDIS 91 (Service départemental d'Incendie et Secours). Procar baute den eTGE als Kleineinsatzfahrzeug aus für Tierrettungen und kleinere technische Hilfeleistungen. Ausgehend vom Rettungszentrum in Arpajon erledigte der eTGE diese Aufgaben innerhalb seiner Reichweite und konnte nachts an einer normalen Steckdose aufgeladen werden, teilte MAN Truck & Bus France in einer Pressemeldung mit. Anschließend präsentierte man diesen eTGE auf dem Nationalen Feuerwehrkongress im Oktober 2021 in Marseilles. Im Frühjahr 2022 testete das SDIS Loire den eTGE für sechs Wochen auf der Wache La Terrasse.

Summary

The logos Sapeurs Pompiers de l'Essonne, MAN and fire engine supplier Procar on the TGE 3.140 E show that this vehicle was tested for three months in the summer of 2021. The fire brigade of the department near Paris used it to gain initial experience for a future switch to hybrid or electric vehicles. It was used for minor technical assistance and animal rescues. Starting from the rescue centre in Arpajon, the eTGE completed these tasks within its range and could be recharged at night from a normal socket. The next test took place in spring 2022 in the Loire department. Report from MAN Truck & Bus France.

Die Feuerwehr des französischen Départements Essonne testete im Sommer 2021 für drei Monate den Einsatz eines TGE 3.140 E bei Kleineinsätzen. (manf)

The fire brigade of the French département of Essonne tested the use of a TGE 3.140 E for small-scale operations for three months in the summer of 2021.

Ein 100 kW leistender Elektromotor treibt den eTGE an. Die Batterien liegen unter dem Fahrzeugboden und beeinträchtigen daher das Ladevolumen und das Sitzplatzangebot nicht. (thl)
A 100 kW electric motor powers the eTGE. The batteries are located under the vehicle floor and therefore do not affect the load volume and seating capacity.

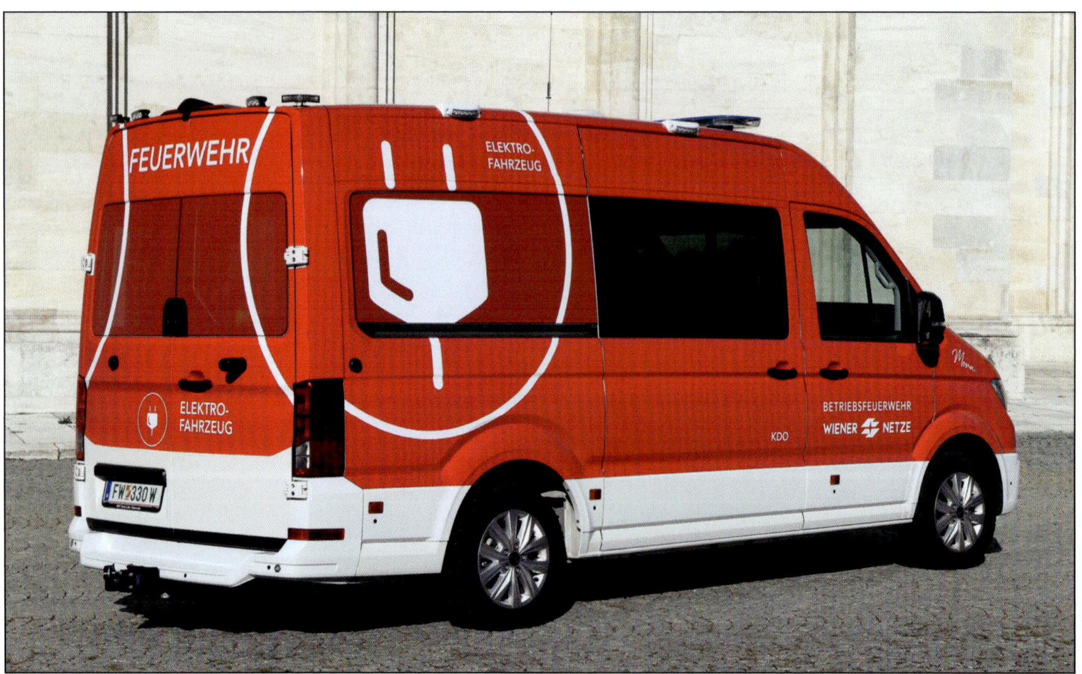

Deutlich vermittelt die Beklebung die elektrische Antriebsart des MAN TGE und die Verbindung zur Firma Wiener Netze. (thl)
The graphic clearly conveys the electric drive type of the MAN TGE and the connection to the Wiener Netze company.

Die Besatzung beträgt acht Einsatzkräfte, vorne zwei und hinten sechs. Zwischen den sich gegenüber stehenden Sitzbänken ist ein Arbeitstisch montiert. (thl)

There are eight crew, two in the front and six in the rear. A worktable is mounted between the benches which are facing each other.

Im Heck bringt die Feuerwehr in Schubladen ihre Ausrüstung und auf einem Auszug die Atemschutzgeräte unter. (thl)

The fire brigade stores its equipment in rear drawers and its breathing apparatus on a pull-out shelf.

FEUERWEHR
MAN
EBS BW 112
FEUERWEHR
112

ENDLICH MOBIL

In sanft welliger Landschaft wechseln sich Äcker, Streuobstwiesen, Wald und Wiesen ab. Schlanke gewundene Landstraßen führen zu den Dörfern. Im Wald versteckt sich ein Felsenlabyrinth, das Kletterer von weit her anzieht. Wanderwege führen zu Grotten und Höhlen. Hinter der vor genau 900 Jahren erstmals erwähnten Burg am Rand des Dorfes fließt verborgen hinter dichtem Baumbestand am Fuß eines Steilhangs die Wiesent. So liegt Burggaillenreuth mitten in der Fränkischen Schweiz. Etwa 350 Einwohner zählt das Dorf zusammen mit dem Nachbarort Windischgaillenreuth. Dafür ist die FF Burggaillenreuth zuständig – eine von elf Freiwilligen Feuerwehren der Stadt Ebermannstadt im Landkreis Forchheim. Von diesen sind neun motorisiert, bei den anderen beiden steht ein Tragkraftspritzenanhänger im Gerätehaus.

Zu dieser Gruppe zählte noch bis 30. November 2020 die FF Burggaillenreuth. Bereits beim Bau des Gerätehauses im Jahr 1995 plante man es in ausreichender Größe für ein TSF, aber es dauerte weitere 25 Jahre, bis Ersatz für den 1961 in Dienst gestellten Tragkraftspritzenanhänger kam. Lediglich im Jahr 2000 gab es eine neue TS 8/8 Ziegler Ultrapower.

Die Beschaffung erfolgte gemeinsam mit der FF Hetzelsdorf/Poppenreuth aus der Gemeinde Pretzfeld, denn solche interkommunalen Aktivitäten honoriert der Freistaat Bayern mit einem um 10 Prozent erhöhten Zuschuss. Somit gibt es einen identischen Zwilling bei einer anderen Wehr im selben Landkreis. In der Auswertung der eingegangenen Angebote fiel die Entscheidung auf den MAN TGE 5.180. Als Alternativen waren Ford Transit und VW Crafter im Gespräch. Der Transporter von MAN feierte seine Weltpremiere auf der IAA 2016 als Gemeinschaftsentwicklung von Volkswagen Nutzfahrzeuge und MAN Truck & Bus. Im polnischen VW-Werk in Września, etwa 50 Kilometer östlich von Poznań gelegen, laufen die Geschwistermodelle VW Crafter und MAN TGE vom Band. Der mit 177 PS stärkste der 4-Zylinder-Reihenmotore und einem Hubraum von 1968 cm³ steckt längs unter der Motorhaube und

Mit diesem TSF auf MAN TGE 5.180 und Aufbau von Compoint bekam die FF Burggaillenreuth zum Jahresende 2020 das erste Einsatzfahrzeug in ihrer Geschichte. (klf)

With this TSF on a MAN TGE 5.180 and bodywork from Compoint, the Burggaillenreuth volunteer fire brigade received the first emergency vehicle in its history at the end of 2020.

treibt die zwillingsbereifte Hinterachse an. Basis für den Aufbau als TSF stellt das vorne über McPherson-Federbeinen und hinten blattgefederte Fahrgestell mit 4,49 Meter Radstand und Doppelkabine dar. Das zulässige Gesamtgewicht liegt bei 4,5 Tonnen. Dafür ist die Führerscheinklasse C1 erforderlich. Einsatzkräfte bayerischer Feuerwehren können alternativ die Fahrberechtigung in Form des sogenannten „Feuerwehrführerscheins" nach einer feuerwehrinternen Einweisung und einer Prüfung – in diesem Fall durch eine Fahrschule – erhalten.

Beim Aufbau ging der Zuschlag an die in der Kreisstadt Forchheim ansässige Firma Compoint. Für diese war es bei weitem nicht der erste MAN TGE, den sie ausbaute, aber der erste als Tragkraftspritzenfahrzeug auf diesem Fahrgestell. Nach Anlieferung der Fahrgestelle erhielten beide Fahrzeuge ihren baugleichen Kofferaufbau aus Systemprofilen mit je einem Rollladenverschluss an den Längsseiten und im Heck. Ebenfalls neu für Compoint war die Bauform mit der Lagerung der vier Steckleiterteile auf dem Dach und den dafür benötigten beidseitig ausziehbaren Auftritten. Normalerweise befinden sich bei Compoint-Aufbauten die Leitern im Innern des Koffers, damit sie vom Boden aus entnommen werden können. Hier lagern jedoch griffbereit die Saugschläuche oberhalb der Tragkraftspritze. Unterhalb des Kofferaufbaus finden sich beidseitig zusätzliche Stauräume aus Edelstahl zur Unterbringung von Ölbindemittel und Schlauchbrücken. Der pneumatische Lichtmast am Heck ist mit zwei jeweils 4000 Lumen und 60 Watt starken LED-Scheinwerfern bestückt.

Der Innenausbau erfolgte in enger Absprache mit der Feuerwehr, um deren Vorstellungen und Wünsche umzusetzen. Auf der linken Seite liegt der Schwerpunkt auf der Brandbekämpfung mit wasserführenden Armaturen und Schlauchmaterial. In dem Geräteraum finden sich auch eine Werkzeugkiste, ein Erste-Hilfe-Rucksack und Zubehör zum Stromerzeuger. Eine große Leerkiste eignet sich zum Transport nasser Schläuche, verdreckter Ausrüstung, aufgekehrtem Ölbinder oder sonstigem Material. Im Geräteraum auf der Beifahrerseite befinden sich Gerätschaften zur technischen Hilfeleistung wie der 6,5 kVA leistende Stromerzeuger, ein Beleuchtungssatz, eine Motorkettensäge mit Schnittschutzkleidung, mehrere Behälter mit Ölbindemittel und Streusalz im Winter sowie Geräte zur Verkehrsabsicherung. Auf dem Auszug an der Stirnseite des Aufbaus stehen Kleinlöschgeräte. Die abklappende Schublade ist mit Besen, Schaufel, Feuerwehraxt, Feuerpatsche, Bügelsäge und Halligan-Tool beladen.

Die Sondersignalanlage setzt sich zusammen aus einem, im Jahr 2013 mit dem red dot Designpreis ausgezeichneten Signalbalken Hänsch DBS 4000 auf dem Kabinendach, zwei Rundumleuchten Rauwers LP 400 an den hinteren Aufbauecken, einer Heckwarneinrichtung Rauwers NanoLED mit sechs gelben LED-Blitzern und einer verdeckt eingebauten Tonfolgeanlage.

Technische Daten / Technical Data

Fahrgestell / Chassis	MAN TGE 5.180 4x2
Radstand / Wheelbase	4490 mm
Motor / Engine	4-Zylinder-Reihenmotor / 4-cylinder inline
Hubraum / Displacement	1968 cm³
Leistung / Power	177 PS (130 kW) @ 3600 min^{-1}
Drehmoment / Torque	410 Nm @ 1500 - 2000 min^{-1}
Getriebe / Gearbox	6-Gang Schaltgetriebe / 6 speed manual
Antrieb / Drive	Heckantrieb / Rear drive
Höchstgeschwindigkeit / max. Speed	100 km/h
Besatzung / Crew	6
Aufbau / Superstructure	Compoint
Abmessungen L / B / H / Dimensions L / W / H	6300 mm / 2300 mm / 2600 mm
Zul. Gesamtgewicht / Vehicle Gross Weight	4750 kg
Baujahr / Year	2020

Summary

The Burggaillenreuth volunteer fire brigade serves two villages with a combined population of about 350 in the attractive landscape of Franconian Switzerland in Bavaria. Since November 2020, this fire brigade has had its first fire engine in its history. That's when they picked up a TSF on a MAN TGE 5.180. It was also a premiere for the manufacturer Compoint. It was the first time they built a TSF on this chassis. The VW Crafter and MAN TGE sibling models come off the production line at the Polish VW plant in Września near Poznań. The 177 hp 4-cylinder in-line engine with a displacement of 1968 cm^3 is located longitudinally under the bonnet and drives the twin-tyred rear axle. To drive the 4.75-tonne vehicle, the fire fighters need a C1 driving licence. Alternatively, in Bavaria there is only the "fire brigade driving licence" for driving emergency vehicles of this weight class after an internal fire brigade training and examination.

Die linke Fahrzeugseite ist für die Brandbekämpfung beladen mit wasserführenden Armaturen und Schläuchen. Aus dem hinteren unteren Bereich lässt sich eine leere Kiste herausnehmen. Für die Firma Compoint war dieses 2020 gebaute Fahrzeug das erste TSF auf dem MAN TGE 5.180. (klf)

The left side of the vehicle is loaded with water-carrying fittings and hoses for fire-fighting. An empty box can be removed from the lower rear section. For Compoint, this vehicle built in 2020 was the first TSF on the MAN TGE 5.180.

Die Beladung auf der rechten Fahrzeugseite ist auf kleinere technische Hilfeleistungen ausgelegt wie Einsatzstellen absichern und ausleuchten, Straßen reinigen und umgestürzte Bäume zu beseitigen. (klf)
The load on the right-hand side of the vehicle is designed for minor technical assistance, such as securing and illuminating operation sites, cleaning roads and removing fallen trees.

Als praktisches Detail lässt sich im linken Geräteraum unterhalb der Leerkiste eine Ablage herausziehen. (klf)
As a practical detail, a small shelf can be pulled out in the left-hand equipment compartment below the empty crate.

Auf einer ausziehbaren Lagerung steht der 6,5 kVA leistende Stromerzeuger. Räumgeräte befindet sich in einer abklappbaren Schublade. (klf)
The 6.5 kVA generator is mounted on an extendable support. The clearing equipment is located in a fold-down drawer.

Die Sondersignalanlage besteht aus dem Signalbalken auf dem Dach der Doppelkabine und zwei Rundumkennleuchten an den hinteren Aufbauecken. Sechs gelbe LED-Leuchten unterhalb der Steckleitern sichern das TSF nach hinten ab. (klf)
The special signalling system consists of the signal bar on the roof of the double cab and two rotating beacons at the rear corners of the body. Six yellow LED lights below the plug-in ladders secure the TSF to the rear.

Der pneumatische Lichtmast trägt zwei LED-Strahler. Der Schlitten mit der Tragkraftspritze TS 8/8 Ziegler Ultrapower kippt nach unten, um die Entnahme zu erleichtern. (klf)
The pneumatic light mast carries two LED spotlights. The carriage with the TS 8/8 Ziegler Ultrapower portable pump folds down to facilitate removal.

Die Saugschläuche lagern griffbereit vom Boden entnehmbar über der Tragkraftspritze. Deshalb stecken die vier Steckleitergänge in Halterungen auf dem Aufbaudach. (klf)
The suction hoses are stored above the portable pump and can be removed from the ground. For this reason, the four extension ladders are in holders on the superstructure roof.

FEUERWEHR
FEUERWEHR
FEUERWEHR REGENSBURG
112

LF 10 IM DUTZEND

Beabsichtigen Städte oder Gemeinden in Bayern, Feuerwehrfahrzeuge zu beschaffen, dann rentiert sich ein Blick in die „Richtlinien für Zuwendungen des Freistaats Bayern zur Förderung des kommunalen Feuerwehrwesens (Feuerwehr-Zuwendungsrichtlinien – FwZR)". Denn diese Bekanntmachung des Bayerischen Staatsministeriums des Innern, für Sport und Integration vom 18. Dezember 2018 mit dem Az.: D1-2244.1-72 enthält in Punkt 5.1 einen Passus, der beim Kämmerer besondere Aufmerksamkeit genießt. Dort heißt es, dass sich bei einer gemeinsamen Beschaffung mehrerer Kommunen der gewährte Festbetrag um zehn von Hundert erhöht. Ein paar Zeilen weiter wird die Aussage präzisiert: „Die Förderfähigkeit setzt zudem voraus, dass im Wege der Sammelbestellung baugleiche Feuerwehrfahrzeuge des gleichen Fahrzeugtyps, des gleichen Fahrgestells und des gleichen Aufbaus sowie der gleichen fest eingebauten feuerwehrtechnischen Ausstattung beschafft werden." Der Freistaat Bayern legt Festbeiträge fest für verschiedene Fahrzeugtypen und Abrollbehälter. Für das LF 10 nannte diese Fassung der Richtlinie 70.000 Euro. Mit 77.000 Euro durften also Gemeinden rechnen, wenn sie Partner für ihre Beschaffung finden.

Am Rande einer Besprechung des AGBF Arbeitskreis Technik wurde bekannt, dass die Städte Augsburg und Regensburg gleichzeitig Bedarf an LF 10 für ihre Freiwilligen Feuerwehren hatten. Augsburgs Branddirektor Dr. Andreas Graber nahm deshalb Kontakt mit seinem damaligen Regensburger Amtskollegen auf. Zudem warb er auf einer Tagung der schwäbischen Kreisbrandräte für eine Gemeinschaftsbeschaffung. Im Rahmen der interkommunalen Aktion entstanden unter Federführung der Augsburger Feuerwehr mit Unterstützung der städtischen Vergabestelle 12 Fahrzeuge:

- 1 LF 10 für die FF Aislingen (Landkreis Dillingen an der Donau) – Auslieferung 30. September 2019
- 6 LF 10 für Augsburg bei den FF Göggingen, Haunstetten, Inningen, Kriegshaber, Oberhausen und Pfersee – Auslieferung 30. August 2019
- 1 LF 10 für die FF Kellmünz an der Iller (Landkreis Neu-Ulm) – Auslieferung 21. Oktober 2019
- 4 LF 10 für Regensburg bei den FF Graß, Oberisling, Regensburg Löschzug Altstadt und Regensburg Löschzug Schwabelweiß – Auslieferung 17. Oktober 2019

MAN TGM 13.290 4x4 BL-FW in Euro 6-Ausführung lautete das Ergebnis der europaweiten Ausschreibung für das Fahrgestell. Der Radstand der 14 Tonnen schweren Fahrzeuge beträgt 3950 Millimeter. An den 290 PS starken 6-Zylinder-Dieselmotor schließt sich das automatisierte Getriebe MAN TipMatic an, das für Alarmfahrten mit der spurtstarken Schaltsoftware Emergency programmiert ist.

Für den Aufbau zeichnete die Firma Ziegler verantwortlich mit ihrer Z-Cab und dem Gerätekoffer im ALPAS-Aufbausystem. Im Heck eingebaut ist eine Ziegler FPN 10-2000 mit der automatischen Pumpendruckregelung Tourmat D. 1200 Liter fasst der Löschwasserbehälter. Das Schaummittel befindet sich in sechs je 20 Liter fassenden Kanistern. Auf den drei Sitzplätzen gegen die Fahrtrichtung rüstet sich die Besatzung in der Mannschaftskabine mit Atemschutzgeräten aus. Zwei weitere Geräte lagern für den zweiten Trupp im Geräteraum G3. Mit der Ausnahme eines Regensburger LF 10 erhielten alle LF 10 zum Aufbau einer schnellen Wasserversorgung eine fahrbare Einpersonenhaspel mit fünf B-Schläuchen. Ziegler montierte den pneumatisch ausfahrenden Lichtmast mit LED-Scheinwerfern an der Stirnseite des Aufbaus. Die Abmessungen der LF 10 lauten Länge 7150 Millimeter, Breite 2500 Millimeter und Höhe 3300 Millimeter.

Unterschiedliche Beladungskonzepte

Bei der Anordnung der Beladung erkennt man im Vergleich der 12 LF 10 zwei etwas unterschiedliche Ausführungen: zum einen Aislingen und Augsburg,

Eines von sechs LF 10 für die Freiwillige Feuerwehr der Stadt Augsburg. (klf)
One of six LF 10 for the Augsburg volunteer fire brigade.

Die Gemeinde Aislingen beschaffte ein LF 10 auf MAN TGM 13.290 4x4 BL-FW. (klf)
The municipality of Aislingen purchased an LF 10 on a MAN TGM 13.290 4x4 BL-FW.

An die Stadt Regenburg lieferte Ziegler vier LF 10 für die Freiwilligen Feuerwehren. (klf)
Ziegler supplied the city of Regenburg with four LF 10 for the volunteer fire brigades.

Bei der FF Kellmünz ersetzte das neue LF 10 zwei ältere Fahrzeuge. (klf)
At the Kellmünz fire brigade, the new LF 10 replaced two older vehicles.

Flexibel kann in Augsburg der Auszug im tiefgezogenen Geräteraum G1 gehalten werden (klf)
In Augsburg, the pull-out can be flexibly held in the deep-drawn G1 equipment compartment.

Zum Schwerpunkt der Beladung des Kellmünzer LF 10 zählt die Tragkraftspritze im Geräteraum G1. (klf)
The main load of the Kellmünz LF 10 is the portable pump in the G1 equipment compartment.

Bei drei LF 10 der Regensburger Feuerwehr ist eine Tragkraftspritze auf einem Auszug verladen. (klf)
Three LF 10 of the Regensburg fire brigade have a portable pump loaded on a slide out tray.

Zur Beladung des LF 10 der FF Regensburg Graß gehört im Geräteraum G1 ein hydraulischer Rettungssatz. (klf)
The equipment of the LF 10 of the Regensburg Grass fire brigade includes a hydraulic rescue kit in the G1 equipment compartment.

Im Geräteraum G6 lagern bei der Augsburger Ausführung der 13,4 kVA starke Stromerzeuger und sechs Kanister mit Schaummittel. (klf)
In the equipment compartment G6, the 13.4 kVA power generator and six canisters of foam concentrate are stored in the Augsburg version.

Das LF 10 der FF Aislingen gleicht in der Anordnung der Beladung der Ausführung Augsburg. Wie bei allen LF 10 lagern auf dem Dach Steck- und Schiebleiter. (klf)
The LF 10 of the Aislingen fire brigade is similar to the Augsburg version in the arrangement of the load. As with all LF 10, the extension ladder are stored on the roof.

Die vier LF 10 der Regensburger Feuerwehr sind gleich in der Anordnung der Beladung auf der rechten Seite. Der Hochleistungslüfter ist im Geräteraum G6. (klf)
The four LF 10 of the Regensburg fire brigade are identical in the arrangement of the load on the right-hand side. The PPV fan is in equipment compartment G6.

Bei dem Kellmünzer Fahrzeug befinden sich der Stromerzeuger mit 13,4 kVA Leistung und die sechs Schaummittelkanister im Geräteraum G2. (klf)
On the Kellmünz vehicle, the power generator with 13.4 kVA output and the six foam agent canisters are located in equipment compartment G2.

Zur Ausstattung von 11 der 12 LF 10 gehört eine schmale B-Schlauchhaspel mit fünf B-Schläuchen. (klf)
The equipment of 11 of the 12 LF 10 includes a narrow B-hose reel with five B-hoses.

zum anderen Kellmünz und Regensburg. Bei den Fahrzeugen für Aislingen und Augsburg befindet sich im Geräteraum G1 ein Auszug, der je nach Bedarf mit einer Leerkiste, einer Tragkraftspritze oder dem hydraulischen Rettungssatz bestückt ist. Bei dem Kellmünzer Fahrzeug sowie bei drei der vier Regensburger LF 10 ist die Tragkraftspritze ständig im Geräteraum G1 auf einem schräg nach unten laufenden Auszug eingeschoben. Bei Unwetterlagen kann in Regensburg an dieser Stelle stattdessen ein Wechselmodul mit Wassersauger und Tauchpumpen eingeladen werden. Auf der Beifahrerseite unterscheiden sich die beiden Ausführungen, wenn man die Lagerung des 13,4 kVA starken Stromerzeugers, des Hochleistungslüfters, der Tauchpumpe und der sechs Schaummittelkanister vergleicht.

Die sechs Augsburger LF 10 sind bis auf die Beschriftung baugleich – mit einer kleinen Ausnahme im Fall der FF Haunstetten. In den Gerätehäusern dieser sechs Wehren steht ein aus dem Fuhrpark der Berufsfeuerwehr übernommenes HLF 20 oder LF 16/12 als Erstausrücker. Mit dem LF 10 folgt die 2. Gruppe. Sollte das HLF 20 bzw. LF 16/12 außer Dienst gehen, wird der hydraulische Rettungssatz in das LF 10 auf den Schlitten im Geräteraum G1 umgeladen. Die Schiebleiter zählt zur Beladung, weil sie eine einsatztaktische Bedeutung in der engen städtischen Bebauung hat. Da mehrere Hauptverkehrsachsen, allen voran die stark befahrene Autobahn A8 München – Stuttgart und die Bundesstraße B 17 Augsburg – Füssen, durch das Stadtgebiet verlaufen, platzierte man das Verkehrswarngerät auf der verkehrsabgewandten Seite im Geräteraum G2. So ist es für die Mannschaft beim Aussteigen sofort griffbereit. Weil bei Unwettern die Freiwilligen Feuerwehren im Stadtgebiet stark in die Bewältigung des erhöhten Einsatzaufkommens eingebunden sind, gehören Motorkettensäge, Wassersauger und große Tauchpumpe zur Beladung. Wegen seiner Lage am über 20 km² großen Augsburger Stadtwald erhielt das LF 10 der FF Haunstetten zusätzlich einen Waldbrandsatz in D-Ausführung, der Platz in der Leerkiste findet.

Bei der FF Aislingen ersetzte das LF 10 ein LF 8 von 1986. Die Indienststellung des LF 10 bedeutete eine enorme Steigerung der Schlagkraft der Wehr in der etwa 1300 Einwohner zählenden Gemeinde.

In Regensburg steht neben den LF 10 jeweils ein MTW in den vier Gerätehäusern, lediglich der Löschzug Altstadt besetzt zudem einen ELW 1. Das

Als einziges LF 10 erhielt die FF Regensburg Graß eine Haspel mit Verkehrswarngerät. (klf)
FF Regensburg Graß was the only LF 10 to receive a reel with traffic warning equipment.

bei der FF Graß stationierte LF 10 stellt sich als Zwitter beider Beladungskonzepte dar: auf der linken Seite die Beladung ähnlich wie bei den Augsburgern, auf der rechten Seite die Anordnung wie bei den anderen Regensburgern und dem Kellmünzer Fahrzeug. Das liegt an der Lage von Graß neben dem Autobahnkreuz Regensburg-Süd und an der im Jahr 2000 erfolgten Ausstattung mit hydraulischem Rettungsgerät. Aus selbem Grund hängt an diesem LF 10 als einzigem eine Verkehrsabsicherungshaspel am Heck. Es trägt den Funkrufnamen und die interne Bezeichnung eines HLF 10.

Bei der FF Kellmünz war der Feuerwehrführung die Ausrüstung mit einer Tragkraftspritze sehr wichtig, weil in Teilen der Gemeinde das Hydrantennetz schlecht ausgebaut ist. Deshalb schloss man sich der Regensburger Ausführung an. Die Neubeschaffung ersetzte zwei Fahrzeuge, nämlich ein LF 8/6 und ein TSF. Zum Fuhrpark gehören noch ein MZW und ein SW vom Katastrophenschutz.

Summary

If cities or municipalities in Bavaria intend to procure fire engines, it is worth taking a look at the procurement guidelines. In the case of a joint procurement by several municipalities, the state subsidy increases by ten percent: For the LF 10, 70,000 euros are available. This means that municipalities can expect to receive 77,000 euros if they find partners for their procurement.

When Augsburg needed six LF 10 for its volunteer fire brigade and also Regensburg four of these LF 10, they came in contact. The municipalities of Aislingen and Kellmünz joined the inter municipal campaign. In summer 2019, Ziegler delivered 12 LF 10 on MAN TGM 13.290 4x4 BL-FW in Euro 6 design. The water tank holds 1200 litres. The foam agent is contained in six canisters with 20 litres each. The equipment of all vehicles includes five breathing apparatuses, a 13.4 kVA power generator, high-performance ventilators, four ladder sections and an extension ladder, a water suction device and a submersible pump. When comparing the 12 LF 10 in the photos, the arrangement of the load shows two somewhat different designs: on the one hand Aislingen and Augsburg, on the other Kellmünz and Regensburg.

Im Heck ist der Pumpenstand der FPN 10-2000. Rechts daneben steckt die Kabelfernsteuerung für den vorne am Gerätekoffer verbauten Lichtmast. (klf)
In the rear is the pump station of the FPN 10-2000. To the right is the cable remote control for the light mast mounted at the front of the equipment box.

Anlässlich der Abholung im August 2019 bei der Firma Ziegler stellten sich die sechs Augsburger LF 10 zu einem Gruppenfoto auf. (zie)
When they were collected from the Ziegler company in August 2019, the six Augsburg LF 10 posed for a group photo.

Die beiden Regensburger Wehren aus Oberisling (hinten) und Graß werden von 6.00 bis 18.00 Uhr immer zusammen mit ihren LF 10 alarmiert. (klf)
The two Regensburg fire brigades from Oberisling (at the back) and Graß are always alerted together with their LF 10 from 6.00 a.m. to 6.00 p.m.

Auf einem Auszug im Geräteraum G1 kann bei den LF 10 für Augsburg und Aislingen wahlweise die Tragkraftspritze verladen werden. (zie)
The portable fire pump can optionally be loaded on a pull-out in the equipment compartment G1 on the LF 10 for Augsburg and Aislingen.

Auf dem Werksgelände der Firma Ziegler standen im Oktober 2019 die vier LF 10 für die Freiwilligen Feuerwehren in der Stadt Regensburg bereit. (zie)
In October 2019, the four LF 10 were ready for the volunteer fire brigades in the city of Regensburg on the factory premises of the Ziegler company.

WERKFEUERWEHR
MAN

FEUERWEHR AN DER GEBURTSSTÄTTE DES DIESELMOTORS

Zwei Begriffe, die untrennbar zusammengehören: MAN und Diesel. Von 1932 bis 1981 prangte Rudolf Diesels Name auf dem Frontgrill jedes MAN Lastwagen oder Omnibus. Und was heute die wenigsten wissen, die gerne als „Nase“ bezeichnete Einbuchtung in der Form des Grills oder das Feld der Chromspange, in dem nun der Löwe thront, soll an den Dieseltropfen erinnern. Seit seinem Maschinenbaustudium beschäftigte Rudolf Diesel (1858 – 1913) die Frage, wie man den schlechten Wirkungsgrad von Dampfmaschinen – nur sechs bis zehn Prozent – verbessern könne. 1893 erhielt er für seine theoretischen Überlegungen und Ideen zum Dieselmotor die Patenturkunde. Nun musste er den praktischen Beweis antreten und wandte sich an die Maschinenfabrik Augsburg. 1897 attestierten Gutachter dem Versuchsmotor eine Leistung von knapp 18 PS und einen Gesamtwirkungsgrad von 26,2 Prozent. Das war das Doppelte der damals modernsten Dampfmaschinen. Die Maschinenfabrik Augsburg stieg noch im selben Jahr in die Produktion von Dieselmotoren ein. Die Dampfmaschine hatte ausgedient, innerhalb weniger Jahre bestimmte der Verbrennungsmotor nach dem Prinzip von Diesel weltweit die Antriebstechnik des 20. Jahrhunderts. Die Wurzeln der Maschinenfabrik Augsburg reichen tiefer. 1840 gegründet, baute die Firma Dampfmaschinen, Wasserturbinen, Druckmaschinen und Carl von Linde ließ dort die von ihm entwickelte Kältemaschine fertigen. 1898 fusionierten die Maschinenbau-Actien-Gesellschaft Nürnberg und die Maschinenfabrik Augsburg.

Im selben Jahr, in dem die Öffentlichkeit den Dieselmotor kennenlernte, baute das Werk eine betriebliche Feuerwehr auf. Wann dort das erste Löschfahrzeug in Dienst ging und ob während des Zweiten Weltkrieges zum Brandschutz des bedeutenden Rüstungsbetriebs Fahrzeuge vorhanden waren, zu diesen Fragen ließen sich weder Unterlagen noch Mitarbeiter mit Erinnerungen finden. Ein Volltreffer auf die Feuerwache bei einem Bombenangriff hatte die Ausrüstung zerstört. Ende 1945 beantragte das Werk bei der Militärregierung den Neuaufbau der be

trieblichen Feuerwehr, was 1949 zur Anerkennung als Werkfeuerwehr nach dem Bayerischen Feuerwehrgesetz führte. Die älteste Aufnahme mit Fahrzeugen im Werksarchiv datiert von 1951 und zeigt eine Übung. Zu erkennen sind eine KS 25 und eine KL 26, die beide wohl dem Werk in der Nachkriegszeit zugeteilt wurden.

Heute ist das Werk in Augsburg der Sitz der MAN Energy Solutions SE und bietet Großdieselmotore, Gas- und Dampfturbinen für maritime und stationäre Anwendungen sowie Kompressoren an. In Augsburg entstehen Viertaktmotoren zum Antrieb von Handels-, Arbeits- und Passagierschiffen mit Leistungen bis 17.000 kW. Auf Schwertransportern fahren die voluminösen Motore und Maschinenteile zu Flusshäfen. Dann geht es mit Binnenschiffen zu den Schiffswerften. Die Werkfeuerwehr ist zuständig für den räumlich zusammenhängenden Komplex aus MAN Energy Solutions, i-Park Augsburg und MT Aerospace. Die 15 hauptamtlichen Kräfte bekommen je nach Alarmstichwort Unterstützung von nebenamtlich in der Feuerwehr engagierten Mitarbeitern aus diesen drei Werken.

Löschfahrzeuge

Die KS 25 auf Magirus M 40 S mit ihrem 110 PS starken Dieselmotor lässt sich von der Bauform her auf etwa 1938 datieren. Neun Einsatzkräfte, Pumpe mit 2500 l/min bei 8 bar und 300 Liter Löschwasser charakterisieren diesen Fahrzeugtyp. 1959 zog der erste MAN in die Fahrzeughalle der Werkfeuerwehr MAN ein. Es dürfte sich um einen der ersten MAN 415 L1 mit Bachert-Aufbau handeln, denn die Karosserieform ist im Übergang von Kotflügel zu Kabine anders gestaltet als bei allen später ausgelieferten MAN-Haubern. Ungewöhnlich war die Größe des Wassertanks. Ein genormtes LF 16 hatte 800 Liter dabei, dieser MAN aber 1200 Liter. 1983 übernahm die FF Hollenbach im angrenzenden Landkreis Aichach-Friedberg das Fahrzeug. 1982 gab es ein neues LF 16, wieder von Bachert, auf dem damaligen Haubenchassis 11.192 HA-LF. 1200 Liter Wasser und 120 Liter Schaummittel wurden mitgeführt. Für schwere technische Hilfeleistung war eine Seilwinde von Rotzler eingebaut. Als Zeugnis der MAN Nutzfahrzeuggeschichte steht das LF 16 seit seiner Ausmusterung im MAN Museum Augsburg.

1996 stellte die WF MAN erstmals ein zweites Löschfahrzeug in Dienst. Das LF 8/6 auf der MAN L2000 Baureihe baute Ziegler auf. Den Typ 8.163 LC durften bei einem zulässigen Gesamtgewicht von 7,49 Tonnen noch Führerscheininhaber der alten Klasse 3 für Pkw fahren. Der Löschwassertank fasste die von der Norm vorgegebenen 600 Liter. Seit 2021 steht es bei der in die Werkfeuerwehr integrierten Löschgruppe der i-park Augsburg.

Mit dem kleinsten Löschfahrzeug, einem 2008 bei Furtner & Ammer in Landau an der Isar ausgebauten VLF auf VW T 5, können die Einsatzkräfte in die großflächigen Hallen einfahren für eine technische Hilfeleistung oder für die Bekämpfung von Kleinbränden. Zu dem Zweck sind im Heck eine Rosenbauer Hochdrucklöschanlage UHPS mit 200 Liter Wassertank eingebaut und Feuerlöscher auf einem Auszug befestigt. Auf zwei Sitzplätzen gegen die Fahrtrichtung rüsten sich Einsatzkräfte mit Atemschutzgeräten aus.

Die Erneuerung des Fuhrparks setzte 2014 mit einem SLF 30/40-4 auf MAN TGM 15.290 4x2 BL ein. Rosenbauer brachte im AT-Aufbau der 3. Generation Löschmittelbehälter für 4000 Liter Wasser und 400 Liter alkoholbeständigem Schaummittel Ecopol unter. Eingebaut ist eine Pumpe N35 mit 3000 l/min bei 10 bar. Zur Beladung gehört ein 14 kVA-Stromerzeuger. Die neueste Anschaffung vom November 2020 ist das zweite Sonderlöschfahrzeug SLF 30/45-6. Auf dem MAN TGM 18.340 4x4 BB mit Fernfahrerhaus baute Walser auf. Es führt an Löschmitteln 4500 Liter Wasser und 600 Liter Schaummittel mit, die über die FireDos FD2500-Anlage zugemischt werden. Der aus dem Aufbau ausfahrende Schaum-Wasser-Werfer leistet 3000 l/min. Die FPN 10-3000 stammt von PF Jöhstadt. Im Gerätekoffer befindet sich ein fahrbarer Löscher mit 30 kg Kohlendioxyd. Um personalschonend Material zu den Einsatzstellen in den Werkhallen zu transportieren, dienen bei beiden SLF Leercontainer, die in einer der beiden Haspelhalterungen am Heck hängt. Was benötigt wird, wird aus den Geräteräumen entnommen.

Hubrettungsfahrzeuge

Die Geschichte der KL 26, die in der Nachkriegszeit zum Fuhrpark der WF MAN gehörte, ließ sich nicht zweifelsfrei klären. Metz baute Mitte bis Ende der 1930er Jahre eine größere Anzahl dieser Drehleitern mit 26 Meter Steighöhe. Von der Bauform her könnte es sich um einen etwa 1936 hergestellten Mercedes-Benz LD 3500 aus einer Beschaffung des Reichsluftministerium handeln. In welchem Jahr der Kieswerksbetreiber Thaler aus Hirblingen das Fahrzeug aus dem Werksfuhrpark von MAN übernehmen konnte, blieb unbekannt. 1971 wäre plausibel wegen der Indienststellung der neuen Gelenkmastbühne. In der Familie Thaler meint man sich zu erinnern, dass die Leiter bei ihnen bereits beim Bau von Betriebsanlagen in der zweiten Hälfte der 1960er Jahre wertvolle Dienste geleistet habe. Der Besitzer und einer seiner Mechaniker restaurierten die KL 26 und nahmen an einigen Veranstaltungen in der Umgebung um Neusäß teil. Dabei entstand 1992 die Aufnahme. Nach dem Tod von Herrn Thaler musste sein Sohn den Betrieb schließen und verkaufte den Oldtimer im Jahr 2003 an einen Gebraucht-Lkw-Händler.

Gelenkmastbühnen zählten zu den Raritäten bei deutschen Feuerwehren. Die WF MAN Augsburg gehörte zu den Pionieren. Mehrere Hersteller aus Finnland, Großbritannien und den Niederlanden versuchten, mit ihren Produkten auf dem deutschen Markt Fuß zu fassen. Eine davon war Alkmaar, die mit einer 1969 auf MAN 9.160 H aufgebauten GMB 22 auf Vorführtour ging. Anschließend erwarb sie 1971 die WF MAN Augsburg. Zu dem Zeitpunkt gab es kein Dutzend GMB bei deutschen Wehren. Die vier Stützen klappten hydraulisch zur Seite. Der Mast fiel wegen seiner gelben Lackierung auf und musste erst aufgerichtet werden, damit die Besatzung in den mit 400 kg belastbaren Korb einsteigen konnte. In diesem waren ein B-Wenderohr und eine Schlauchhaspel mit D-Schlauch montiert. Auf dem Podium führte die GMB 22 eine Tragkraftspritze TS 8/8 zur Wassereinspeisung in den Mast mit. Nach ihrer Ausmusterung stand das Einzelstück in einer Feuerwehroldtimersammlung am Niederrhein. Bereits in den frühen 1990er Jahren verliert sich ihre Spur.

Auf der Ausstellung zum Deutschen Feuerwehrtag 1990 in Friedrichshafen fiel am Stand von MAN Nutzfahrzeuge der neue Teleskopmast der WF MAN B&W Diesel Augsburg auf. Auf einem MAN 24.242 FNL 6x2 aus der MAN Baureihe F90 montierte die Krefelder Firma Wumag ihre Hubarbeitsbühne Elevant WS 240 F. Sie erreicht eine Arbeitshöhe von 24 Metern. Der Rettungskorb ist für eine Belastung von 400 Kilogramm ausgelegt und mit Wasserwerfer, Sprühdüsen, Stromanschluss, Krankentragenhalterung, Scheinwerfern und klappbarer Plattform ausgestattet. Maurer Nachlauflenkachse steht auf dem schmalen Schriftzug unter dem Türschild 22.242. Was heute zum Standard bei dreiachsigen Einsatzfahrzeugen zählt, war zu Beginn der 1990er Jahre noch so selten, dass die Montage der einzelbereiften, mechanisch zwangsgelenkten Nachlaufachse spezialisierte Firmen vornahmen. Die Firma Toni Mauer in Türkheim ist einer dieser Partner von MAN. Um die von der Werkfeuerwehr geforderte Fahrzeughöhe von 3,70 Metern einzuhalten, erhielt das Dach des Fernverkehrsfahrerhauses in der Mitte eine Vertiefung zur Ablage des Masts. Anstelle der in der langen Kabine üblichen Schlafliege montierte man hinter den Sitzen vom Maschinisten und Fahrzeugführer eine Sitzbank. So könnten bei Bedarf sechs Einsatzkräfte mit der TMB 24 ausrücken. In der Kiste auf dem Podest steckt eine Tragkraftspritze TS 16/8.

Gerätewagen

Ein weiteres Unikat in der Fahrzeuglandschaft deutscher Feuerwehren und zugleich ein Exot unter den deutschen Nutzfahrzeugen gehörte ab Mitte der 1970er Jahre zum Fuhrpark. 1967 nahm MAN den Leichtlastwagen der französischen Firma Saviem in sein Vertriebsprogramm auf und änderte lediglich die Beschriftung des Frontgrills. Die WF MAN baute ein ehemaliges Kundendienstfahrzeug zu einem GW aus. Der von 1971 stammende Kastenwagen MAN 270 F wurde mit einer Tragkraftspritze TS 16/8, Atem-

Bei einer Übung auf dem MAN-Werksgelände im Jahr 1951 kamen die Drehleiter KL 26 und das Löschfahrzeug KS 25 zum Einsatz. (manes)
During an exercise on the MAN factory premises in 1951, the turntable ladder KL 26 and the fire engine KS 25 were used.

schutz, wasserführenden Armaturen, Schaumausrüstung sowie mit Geräten zur technischen Hilfeleistung wie Kettensäge, Trennschleifer, Greifzug und hydraulischem Werkzeug beladen. Seine Aufgaben übernahm 1996 das neue LF 8/6.

Seit 2019 ergänzt ein GW-L 1 den Fuhrpark der Wehr. Junghanns in Hof setzte den Koffer auf das MAN TGL 8.220 BL-Fahrgestell und montierte eine Palfinger Ladebordwand mit 1500 kg Hubkraft. Zur festen Beladung gehören verschiedene Feuerlöscher, Rettungsrucksack, Besen und Schaufel. Sechs von 21 vorhandenen Rollcontainern finden Platz im Aufbau. Das sind Kohlendioxyd, Pulver, Atemschutz, Lüfter, 500 m Schlauch, Tragkraftspritze, Ölsperre, Schmutzwasserpumpe oder Unterbaumaterial, um nur einige zu nennen.

Kommandowagen

Bei den Kommandowagen gab es einen häufigen Wechsel. Nach einem 1967 gebauten Opel Rekord Kombi liefen bei der Werkfeuerwehr mehrere VW Passat Variant. Im ersten Leben sammelten sie kräftig Kilometer als Kundendienstfahrzeuge. Im zweiten Leben standen sie dem Leiter der Feuerwehr als Kdow und der Wachmannschaft für Besorgungen und Dienstfahrten zur Verfügung. Diese Kdow dokumentieren die Modellgeschichte des Mittelklassekombis VW Passat. Ab 1973 bot VW den vom Geschwistermodell Audi 80 abgeleiteten VW Passat an, 1974 kam die als „Variant" bezeichnete Kombiausführung auf den Markt. Auch ein Golf 3 Variant lief in dieser Funktion bei der Werkfeuerwehr. Der aktuelle Kdow ist ein 2019 gebauter VW Tiguan Offroad. Den Ausbau nahm der VW Sachsen Sonderfahrzeugbau im Werk St. Egidien vor. Als MZF nutzte die Wehr verschiedene Generationen von VW Bussen.

Summary

At Maschinenfabrik Augsburg, Rudolf Diesel (1858 - 1913) put his theoretical ideas and patent for an internal combustion engine into practice. The Diesel engine presented in 1897 had twice the efficiency of the most modern steam engines of the time. Within a few years, the internal combustion engine based on Diesel's principle determined drive technology worldwide. This was commemorated by the Diesel lettering on the front grille of MAN trucks and buses from 1932 to 1981. Today, the Augsburg plant is the headquarters of MAN Energy Solutions SE and offers large diesel engines, gas and steam turbines for maritime and stationary applications as well as compressors. Four-stroke engines for the propulsion of ships with outputs of up to 17,000 kW are produced in Augsburg.

The works fire brigade was also founded in 1897. There is no information about its motorisation because the fire station was bombed during the Second World War. A photo of an exercise from 1951 shows a KS 25 fire engine and a KL 26 turntable ladder. Both vehicles were built shortly before the war and assigned to the fire brigade after it ended. A striking feature of the vehicle fleet is the large number of one-offs. In 1959, the first MAN moved into the vehicle hall of the MAN works fire brigade. It was probably one of the first MAN 415 L 1 with a Bachert superstructure, because the shape of the bodywork at the transition from wing to cab is different from that of later vehicles. With the smallest fire-fighting vehicle on a VW T 5 from 2008, the fire fighter can drive into the large halls to provide technical assistance or to fight small fires. The current fleet includes two industrial fire-fighting vehicles on MAN TGM. They transport water and foam concentrate.

The turntable ladder by Metz on DB LD 3500, which was preserved after World War II, later came to a vehicle collector. Despite the author's contact with the collector's descendants, it could only be determined that it was sold to a used truck dealer in 2003. Snorkels were among the rarities of German fire brigades. When MAN Augsburg bought the two-year-old demonstration vehicle on MAN 9.160 H in 1971, it was one of the pioneers. The 22 metre snorkel was from the Dutch company Alkmaar. In 1990, it was replaced by a MAN 24.242 FNL 6x2 with a 24-metre telescopic mast from the German company Wumag. The chassis was fitted with a single-tyred, mechanically forced-steered trailing axle.

The equipment truck from the 1970s was also a rarity on the German commercial vehicle market. In 1967, MAN included the light truck from the French company Saviem in its sales programme and only changed the front grille lettering for it. However, MAN did not have any sales success with this. The former customer service vehicle was equipped with a portable pump, fire-fighting equipment and technical assistance equipment.

Die KS 25 auf Magirus M 40 S könnte um 1938 gebaut worden sein und kam nach dem Zweiten Weltkrieg zur Werkfeuerwehr MAN. (manes)
The fire engine KS 25 on Magirus M 40 S could have been built around 1938 and came to the MAN works fire brigade after the 2nd World War.

An dem 1959 bei Bachert aufgebauten MAN 415 L1 fällt die Karosserieform im Übergang von Kotflügel zur Kabine auf. Das LF 16 lief später bei der FF Hollenbach. (klf)
The shape of the bodywork at the transition from the mudguard to the cab is striking on the MAN 415 L1 built by Bachert in 1959. The LF 16 was later used by the Hollenbach volunteer fire brigade.

Das LF 16 auf MAN 11.192 HALF baute Bachert 1982 nach Vorgaben der Werkfeuerwehr. Deshalb erhielt es eine Seilwinde. (klf)

The LF 16 on MAN 11.192 HALF was built by Bachert in 1982 according to the specifications of the works fire brigade. It was therefore equipped with a winch.

Zu den Besonderheiten des LF 16 gehörten der Lichtmast und die Behälter für 1200 Liter Wasser und 120 Liter Schaummittel. (klf)

The special features of the LF 16 included the light mast and the tanks for 1200 litres of water and 120 litres of foam concentrate.

Von 1996 an lief ein LF 8/6 auf MAN 8.163 LC im Fuhrpark der MAN-Werkfeuerwehr. Seit 2021 ist es im i-park Augsburg stationiert. (klf)

From 1996 onwards, an LF 8/6 on MAN 8.163 LC was part of the fleet of the MAN works fire brigade. Since 2021, it has been stationed at the i-park Augsburg.

Das Fahrzeug nutzten in erster Linie die nebenberuflichen Einsatzkräfte, die bei Alarm ihren Arbeitsplatz im Werk verließen. (klf)
The vehicle was primarily used by the part-time fire fighters who left their workplace at the plant when they got a call.

Im Aufbau von Ziegler waren eine FP 8/8 und ein 600 Liter fassender Wassertank eingebaut. (klf)
The Ziegler superstructure contained an FP 8/8 pump and a 600-litre water tank.

Das ältere Sonderlöschfahrzeug baute Rosenbauer 2014 auf dem MAN TGM 15.290 4x2 BL auf. Es bietet Platz für 9 Einsatzkräfte. (klf)

Rosenbauer built the older industrial fire-fighting vehicle on the MAN TGM 15.290 4x2 BL in 2014. It offers space for 9 fire fighters.

Im SLF 30/40-4 ist eine Pumpe N35 mit 3000 l/min bei 8 bar eingebaut. Es hat 4000 Liter Wasser und 400 Liter Schaummittel dabei. (klf)

An N35 pump with 3000 l/min at 8 bar is installed in the SLF 30/40-4. It carries 4000 litres of water and 400 litres of foam concentrate.

Am Heck hängen eine Haspel mit B-Schläuchen und ein Leercontainer. Mit diesem kann benötigtes Material personalsparend in Hallen mitgenommen werden. (klf)
A reel with B-hoses and an empty container hang at the rear. This container can be used to take the required material to halls for use in a labour-saving manner.

Der von Rosenbauer gebaute Stromerzeuger leistet 14 kVA. Beleuchtungsgerät, Tauchpumpe, Hebekissen und Sprungretter gehören zur Beladung. (klf)
The power generator built by Rosenbauer has an output of 14 kVA. Lighting equipment, submersible pump lifting bags and a diving board are part of the load.

Der Schwerpunkt der Beladung auf der linken Seite liegt auf der Brandbekämpfung. Die Motorkettensäge lagert auf der Innenseite des Schwenkfaches. (klf) The main focus of the load on the left side is fire fighting. The chain saw is stored on the inside of the swivel compartment.

Seit Jahresende 2020 gehört ein SLF 30/45-6 von Walser auf MAN TGM 18.340 4x4 BB zum Fuhrpark der WF MAN Energy Solutions Augsburg. (klf)
Since the end of 2020, a Walser industrial fire vehicle SLF 30/45-6 on a MAN TGM 18.340 4x4 BB has been part of the WF MAN Energy Solutions Augsburg fleet.

Der aus dem Aufbau ausfahrbare Wasserwerfer leistet 3000 l/min. Unter der Stoßstange ist ein Sprühbalken montiert. (klf)
The water cannon, which can be extended from the superstructure, has a capacity of 3000 l/min. A spray bar is mounted under the bumper.

Der im Aufbau integrierte Lichtmast trägt 8 LED-Scheinwerfer. Zur Dachbeladung gehören vier Steckleiterteile. (klf)
The light mast integrated in the superstructure carries 8 LED headlights. Four ladder sections are part of the roof load.

Ein fahrbarer Feuerlöscher mit 30 kg CO_2 ist im vorderen Geräteraum untergebracht. Die Besatzung kann sich mit zwei Atemschutzgeräten ausrüsten. (klf)
A mobile fire extinguisher with 30 kg CO_2 is located in the front equipment compartment. The crew can equip themselves with two breathing apparatus sets.

Der Schwerpunkt der rechten Fahrzeugseite liegt auf der technischen Hilfeleistung. Dazu gehören Stromerzeuger, hydraulisches Rettungsgerät und Hebekissen. (klf)
The focus of the right-hand side of the vehicle is on technical assistance. This includes power generator, hydraulic rescue equipment and lifting bags.

Die Pumpe FPN 10-3000 stammt von PF Jöhstadt. Sie leistet 3000 l/min bei 10 bar. Die eine Einmannhaspel ist mit B-Schläuchen bestückt, die andere ist ein leerer Container. (klf)
The FPN 10-3000 pump is made by PF Jöhstadt. It has a capacity of 3000 l/min at 10 bar. One one-man reel is equipped with B-hoses, the other is an empty container.

Das VLF auf VW T5 baute Furtner & Ammer im Jahr 2008 aus. Die Beschaffung der Ausrüstung lief über die Firma Fischer. (klf)
The Rapid Intervention Vehicle on a VW T5 was upgraded by Furtner & Ammer in 2008. The equipment was procured through the Fischer company.

Im Heck ist eine Rosenbauer Hochdrucklöschanlage UHPS mit 200 Liter Wasser eingeschoben. (klf)
A Rosenbauer UHPS high-pressure extinguishing system with 200 litres of water is in the rear.

Ein Oldtimersammler zeigte 1992 auf einem Feuerwehrjubiläum die KL 26 auf DB LD 3500 mit Metz-Aufbau, die er von der WF MAN Augsburg übernehmen konnte. (klf)

At a fire brigade anniversary in 1992, a vintage car collector showed the KL 26 turntable ladder on a DB LD 3500 with Metz superstructure, which he was able to take over from the works fire brigade MAN Augsburg.

Die GMB 22 auf MAN 9.160 H war ein 1969 gebautes Vorführfahrzeug der Firma Alkmaar. Von 1971 bis 1990 lief sie bei der WF MAN Augsburg. (bki)

The GMB 22 on MAN 9.160 H was a demonstration vehicle built in 1969 by the Alkmaar company. From 1971 to 1990 it ran at MAN Augsburg works fire brigade.

Diese Gelenkmastbühne war ein Einzelstück. Es ist kein weiteres Fahrzeug mit Aufbau der niederländischen Firma Alkmaar bei deutschen Feuerwehren bekannt. (gma)
This snorkel was a one-off. There is no other vehicle with a superstructure from the Dutch company Alkmaar known to have been used by German fire brigades.

Unter der Plane auf dem Podium befand sich eine Tragkraftspritze TS 8/8. Der Korb hatte eine Tragfähigkeit von 400 kg. (gma)
Under the tarpaulin on the podium was a portable pump TS 8/8. The basket had a carrying capacity of 400 kg.

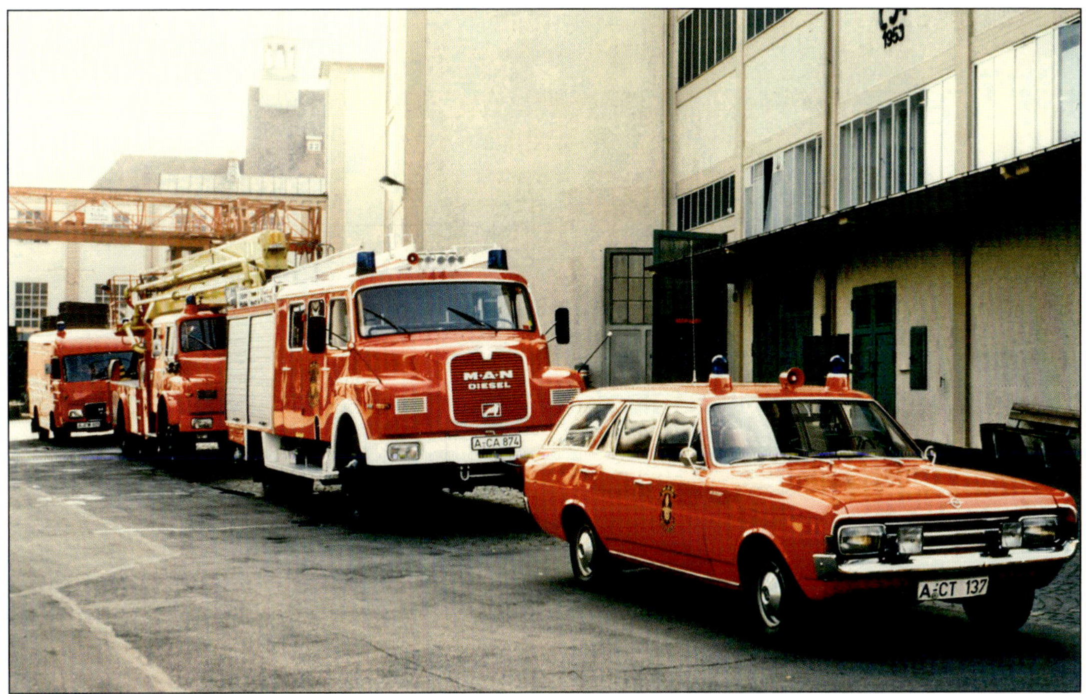

Um 1978 setzte sich der Fuhrpark aus Kdow, LF 16, GMB 22 und GW zusammen. Sie fahren alle durch das rechts offen stehende Tor in die Fahrzeughalle der Feuerwache. (manes)
Around 1978, the vehicle fleet consisted of Kdow, LF 16, GMB 22 and GW. They all drive into the fire station's appliance room through the open gate on the right.

Auf der um 1982 entstandenen Aufnahme des Fuhrparks war ein aus dem Werksfuhrpark übernommener VW Passat Variant der Baureihe B2 der Kommandowagen. (manes)
In the photograph of the vehicle fleet taken around 1982, a VW Passat Variant of the B2 series, which had been taken over from the factory fleet, was the command car.

Seit 1990 setzt die WF MAN Augsburg eine TMB 24 von Wumag vom Typ Elevant WS 240 F ein. Unter der silbernen Abdeckung auf dem Podium steht eine Tragkraftspritze TS 16/8. (klf)
Since 1990, the WF MAN Augsburg has been using a TMB 24 from Wumag of the Elevant WS 240 F type. Under the silver cover on the podium is a TS 16/8 portable fire pump.

Der MAN 24.242 FNL 6x2 erhielt bei der Firma Maurer eine gelenkte Nachlaufachse. Der Rahmen wurde um 70 cm verlängert zur Montage des Drehturms des Mastes. (klf)
The MAN 24.242 FNL 6x2 received a steered trailing axle at the Maurer company. The frame was extended by 70 cm for mounting the rotating tower of the mast.

Saviem war Hersteller der leichten Lastwagen, die MAN in den 1970er Jahren verkaufte. Den 1971 gebauten Kastenwagen auf MAN 270 F nutzte die WF als Gerätewagen. (gma)

Saviem was the manufacturer of the light trucks that MAN sold in the 1970s. The works fire brigade used the box van built in 1971 on MAN 270 F as an equipment truck.

2019 erweiterte die WF MAN Augsburg ihren Fuhrpark um einen GW-L 1 auf MAN TGL 8.220 BL. Der Aufbau ist von Junghanns Fahrzeugbau. (klf)

In 2019, WF MAN Augsburg expanded its fleet with a truck GW-L 1 on MAN TGL 8.220 BL. The superstructure is from Junghanns Fahrzeugbau.

Damit möglichst viele Einsatzkräfte diesen MAN TGL fahren können, ist er mit 7,49 Tonnen zulässigem Gesamtgewicht zugelassen. (klf)

To ensure that as many fire fighters as possible can drive this MAN TGL, it is registered with a permissible gross weight of 7.49 tonnes.

Die Ladebordwand von Palfinger hebt 1500 kg. Im auch seitlich durch eine Tür begehbaren Kofferaufbau ist Platz für sechs der 21 vorhandenen Rollwagen. (klf)

The Palfinger tail lift lifts 1500 kg. There is space for six of the 21 existing trolleys in the box body, which can also be accessed through a door on the side.

Der Kommandowagen auf Opel Rekord Caravan aus der erfolgreichen C-Modellbaureihe ist vom Baujahr 1967. (gma)
The command car on Opel Rekord Caravan from the successful C model series was built in 1967.

Die Werkfeuerwehr hatte eine Reihe verschiedener VW Passat Variant als Kdow. Dieser stammte aus der ersten Baureihe B1 und wurde 1976 gebaut. (gma)
The plant fire brigade had a number of different VW Passat Variant as command vehicles. This one was from the first B1 series and was built in 1976.

Der im Jahr 2004 als Kdow fotografierte VW Passat Variant CL stammt aus der Baureihe B3. Er lief zuerst ab 1992 als Geschäftswagen beim Kundendienst. (klf)

The VW Passat Variant CL photographed in 2004 as a command car is from the B3 series. It first ran as a company car at the customer service from 1992 on.

Der Leiter der Werkfeuerwehr nutzt seit 2019 einen VW Tiguan 2.0 TDI 4Motion Offroad als Kdow. Den Ausbau nahm VW Sachsen Sonderfahrzeugbau vor. (klf)

Since 2019, the head of the plant fire brigade has been using a VW Tiguan 2.0 TDI 4Motion Offroad as his command car. The conversion was carried out by VW Sachsen Sonderfahrzeugbau.

Hensel baute 2019 das MZF auf VW T 6 aus. Zwischen den zueinander angeordneten Sitzbänken ist ein Arbeitstisch montiert und im Heck befinden sich Kästen und Auszüge für die Ausrüstung. (klf)
In 2019, Hensel built the multi-purpose vehicle on VW T 6. A table is mounted between the benches, which are arranged in relation to each other, and there are boxes and drawers for equipment in the rear.

Der Fuhrpark der WF MAN Energy Solutions Augsburg setzt sich seit Jahresbeginn 2021 aus acht Fahrzeugen zusammen. (manes)
Since the beginning of 2021, the fleet of MAN Energy Solutions Augsburg works fire brigade consists of eight vehicles.

LEITER ALT - FAHRGESTELL NEU

Ein Fund in der Bilderkiste erinnert an eine einzigartige Drehleiter. Das Foto entstand im Juli 1975 am Rande der Einweihungsfeierlichkeiten der neuerbauten Augsburger Hauptfeuerwache. Das abgebildete Fahrzeug ist wesentlich älter: Das Fahrgestell von 1958, der Leiteraufbau von 1937.

Ende der 1930er Jahre erneuerte die Augsburger Feuerwehr ihren von 1921 stammenden, auf MAN-Fahrgestellen aufgebauten Löschzug durch eine Kraftfahrspritze KS 25 und eine Kraftfahrdrehleiter KL 26. Bei den Fahrgestellen herrschte Einheitlichkeit, den Mercedes-Benz LD 3750 trieb ein 100 PS starker Dieselmotor an. Das Löschfahrzeug baute Magirus auf, die Drehleiter lieferte Metz. Nach knapp 20 Einsatzjahren zog eine moderne DL 30 h auf Magirus-Deutz Rundhauberfahrgestell in der Feuerwache ein. Das bedeutete jedoch nicht das Ende für die alte Leiter. Bei der Größe der Stadt war es einsatztaktisch sinnvoll, neben dem Löschzug noch ein weiteres Rettungsgerät im Fuhrpark zu haben. Deshalb bekam die 26-Meter-Leiter einen neuen Unterbau. Und dieser kam von MAN, eine Firma, die den Stadtnamen Augsburg im Firmenamen trägt. Mit der Wahl dieses Fahrgestells begründete die Augsburger Feuerwehr eine lang anhaltende Zusammenarbeit mit MAN bei der Fahrzeugbeschaffung.

Auf der Internationalen Automobil Ausstellung IAA 1955 präsentierte MAN seine neuen Lastwagen. Mit einer optischen Abkehr vom Gewohnten konnte man sich der vollen Aufmerksamkeit der Messebesucher sicher sein. Der bisher übliche Anblick mit langer, spitz zulaufender Haube, den seitlich angesetzten runden Kotflügeln und frei stehenden Scheinwerfern sowie der Kabine mit zwei, von einem mittigen Steg getrennten planen Frontscheiben war nun Geschichte. Mit seiner weichen Formensprache und der einteiligen Panorama-Windschutzscheibe traf MAN den Geschmack der Wirtschaftswunderzeit. MAN 415 L1 nannte sich das ab 1957 angebotene Fahrgestell. Das weist auf eine Nutzlast von vier Tonnen und 115 PS hin. Der 6-Zylinder-Motor holte diese Leistung aus 5891 cm³ Hubraum.

Auf dieses Fahrgestell ließ die Augsburger Berufsfeuerwehr 1958 den 20 Jahre alten Leitersatz mit 26 Metern Steighöhe bei Metz aufsetzen und das Fahrgestell mit Geräteräumen verkleiden. Eine unter dem Leiterpark integrierte Krananlage erlaubte, Lasten bis zu einem Gewicht von drei Tonnen zu heben. Bis weit in die 1980er Jahre stand diese Leiter in der Feuerwache. Dann verliert sich ihre Spur. 2018 tauchte sie in eBay mit einem Standort in Mittelfranken zum Verkauf auf. In der Anzeige wird kurz darauf hingewiesen, dass sie seit acht Jahren nicht mehr bewegt wurde. Ihre gelbe Farbgebung lässt vermuten, dass ein Unternehmen sie als Arbeitsleiter nutzte.

Technische Daten / Technical Data

Fahrgestell / Chassis	MAN 415 L1
Motor / Engine	6-Zylinder-Reihenmotor / 6-cylinder inline
Hubraum / Displacement	5891 cm³
Leistung / Power	115 PS (85 kW) @ 2500 min^{-1}
Getriebe / Gearbox	5-Gang ZF-Schaltgetriebe / 5 speed manual from ZF
Antrieb / Drive	Heckantrieb / Rear drive
Besatzung / Crew	2
Aufbau / Superstructure	Metz
Zul. Gesamtgewicht / Vehicle Gross Weight	ca. 9000 kg
Baujahr / Year	Leiter Ladder 1937 Fahrgestell Chassis 1958

Summary

From the Photographic Archives: The picture reminds us of a unique turntable ladder. The photo from 1975 shows a 26-metre turntable ladder of the Augsburg professional fire brigade. The MAN chassis is new from 1958, the ladder superstructure from Metz is from 1937 and was already running on a different chassis. In 1955 MAN presented a new generation of trucks that met the design tastes of the economic miracle era with its soft design language and the one-piece panoramic windscreen. The MAN 415 L1 had a payload of four tonnes and its engine produced 115 hp. This ladder stood in the Augsburg fire station until well into the 1980s. Then its trail was lost. In 2018, it turned up for sale on eBay.

Von einer 1937 gebauten KL 26 stammt die Metz-Leiter, die die Berufsfeuerwehr Augsburg 1958 auf ein neues Fahrgestell MAN 415 L1 umsetzen ließ. (tro)

The Metz ladder, which the Augsburg professional fire brigade had transferred to a new MAN 415 L1 chassis in 1958, comes from a 1937 built KL 26.

Auf dieser Aufnahme fährt die DL 26 ohne der B-Schlauchhaspel am Heck und ohne C-Schlauchhaspel am Leiteraufbau. (mlo)

On this photo, the DL 26 travels without the B-hose reel at the rear and without the C-hose reel on the ladder superstructure.

Im Land der Saurer, Berna und FBW waren MAN als Feuerwehrfahrzeuge lange Zeit unbekannt. Ausländische Hersteller hatten keinen leichten Stand, sich bei Schweizer Feuerwehren zu positionieren. Und dann passten deren Anforderungen nicht so recht mit dem Produktportfolio von MAN zusammen. Die Schweizer Tanklöschfahrzeuge lagen in der Klasse von 16 bis 18 Tonnen, also eine Nummer größer als die Normfahrzeuge in Deutschland. Mehrere Kantone forderten im Hinblick auf ihre herausfordernden topografischen Verhältnisse eine Motorleistung von mindestens 20 PS/Tonne. In Deutschland setzte die Norm jedoch bei etwa 19 PS/Tonne die Obergrenze. Zudem baute MAN erst 1986 eine eigene Vertriebsniederlassung in Otelfingen bei Zürich auf. Bei diesen Rahmenbedingungen war es verständlich, dass MAN damals nicht auf dem Einkaufszettel Schweizer Feuerwehren stand. Bis zum Beginn der 1990er Jahre dürften es nur eine Handvoll Tanklöschfahrzeuge und Drehleitern gewesen sein, die die MAN-Buchstaben im Grill trugen. Anfang der 1990er Jahre tauchten die ersten MAN auf mit Aufbauten von Rosenbauer oder der traditionsreichen Schweizer Hersteller Brändle und Vogt. Angepasst zur Tonnage stellte die F90-Baureihe die Basis. Wenn auch 19 Tonnen auf dem Typschild steht, ist in den Zulassungspapieren als zulässiges Gesamtgewicht 16 Tonnen eingetragen. Dazu passend die Motorisierung mit 370 PS. Brändle machte in seinen Prospekten folgende Rechnung auf: Das Fahrgestell mit Doppelkabine, Aufbau in Leichtbauweise aus Aluminium und Pumpe wiegt ca. 10.770 kg. Bei 3000 Liter Wasser und 400 Liter Schaummittel in Tanks aus V4A Chromstahl bleibt bei 16 Tonnen Gesamtgewicht eine Nutzlast von ca. 1410 kg für Mannschaft und Material.

Brändle baute drei TLF auf MAN 19.372 FA. Das TLF 2400-400 bei der Feuerwehr Weinfelden kam auf die längste Dienstzeit, nämlich von 1992 bis 2021. Das TLF 2500-300n bei der Feuerwehr Lyss ging 1993 in Dienst und blieb bis 2020. Das dritte, ein TLF 3000-300 erhielt die Feuerwehr Goldach

Von 1993 bis 2020 lief bei der Feuerwehr Lyss ein TLF 2500-300, das Brändle auf einem MAN 19.372 FA aufgebaut hatte. (klf)

From 1993 to 2020, the Lyss fire brigade ran a TLF 2500-300, which Brändle had built on MAN 19.372 FA.

1994, die es 2015 an den Aufbauhersteller des Nachfolgers verkaufte. Es sei das teuerste TLF damals im Kanton gewesen, erzählt man bei der Feuerwehr Goldach über diese ungewöhnliche Fahrzeugwahl.Aber der Kommandant war als Inhaber einer Lkw-Werkstatt komplett von der MAN-Technik über- zeugt. Wenn auch die MAN-Basis gleich und die Bauform mit Doppelkabine und Gerätekoffer mit sieben Geräteräumen einheitlich ist, so unterschiedlich sind alle drei im Detail. Das fällt bei der Kabine auf. Diebeiden Jüngeren erhielten eine abklappende Treppe für den Einstieg. In der Kabine des Frauenfelder TLF sitzt die Mannschaft in Fahrtrichtung, die Atemschutzgeräte stecken in Halterungen vor ihnen. Bei den beiden TLF von Goldach und Lyss montierte Brändle vier Sitze mit integrierten Geräten entgegen der Fahrtrichtung.

Brändle baute eine Normaldruck/Hochdruckpumpe mit automatischer Pumpendruckregelung des britischen Herstellers Godiva ein. Ihre Leistung von 2800 l/min bei 8 bar entsprach den Vorgaben zur Pumpe Typ 3 des Schweizerischen Feuerwehrverbandes. Diese kombinierte Brändle mit FOA-M-IX, seiner Eigenentwicklung eines elektronischen Schaumnachmischsystems. Aus den Werbeunterlagen des Herstellers lassen sich Details zur Ausstattung entnehmen: Fahrzeugauspuff durch den Wassertank nach oben geführt und umstellbar auf ein seitlich links nach unten ausblasendes Endrohr, druckluftbetriebener Lichtmast mit drei 1000 Watt-Scheinwerfern, im Dachrahmen integrierte Umfeldbeleuchtung, Generator 9 kVA auf einem Auszug mit Elektrostarter, zwei 90 Meter lange Hochdruckschnellangriffe mit elektrischer Aufwicklung und Halterung für die zweiteilige Handschiebleiter mit automatisierter Auf- und Abpackhilfe.

Summary

It was not until the beginning of the 1990s that MAN became important to the fire brigades in Switzerland. In order to meet the requirement of 20 hp/tonne, the basis was the 19-tonne truck from the F90 series, which was registered with a permissible gross weight of 16 tonnes. They were built with 370 hp. This made Swiss fire engines very different from the standardised vehicles in Germany, whose weight was 12 tonnes and for which a maximum power of 19 hp/tonne applied. Between 1992 and 1994, the Swiss company Brändle built three tankers on MAN 19.372 FA for the fire brigades of Weinfelden, Lyss and Goldach. The design of the cabs differs in details

Technische Daten TLF 2400-400 Feuerwehr Weinfelden / Technical Data

Fahrgestell / Chassis	MAN 19.372 FA 4x4
Radstand / Wheelbase	3800 mm
Motor / Engine	6-Zylinder-Reihenmotor Euro 1 / 6-cylinder inline Euro 1
Hubraum / Displacement	11.967 cm³
Leistung / Power	272 kW (370 PS) @ 2000 min^{-1}
Drehmoment / Torque	1550 Nm @ 1100 - 1400 min^{-1}
Getriebe / Gearbox	6-Gang Automatikgetriebe / 6 speed automatic
Antrieb / Drive	Allradantrieb / Four-wheel drive
Besatzung / Crew	6
Aufbau / Bodybuilder	Brändle
Abmessungen L / B / H / Dimensions L / W / H	7595 mm / 2500 mm / 3250 mm
Leergewicht / Empty Weight	ca. 10.770 kg
Zul. Gesamtgewicht / Vehicle Gross Weight	16.000 kg
Löschmittel / Extinguishing agents	2400 l Wasser Water + 400 l Schaummittel Foam
Pumpe / Pump	Godiva Normaldruck Standard pressure 2800 l/min @ 8 bar / Hochdruck High pressure 300 l/min @ 40 bar

Das erste TLF 2400-400 von Brändle auf MAN 19.372 FA stand von 1992 bis 2021 bei der Feuerwehr Weinfelden im Einsatzdienst. (klf)
The first Brändle TLF 2400-400 built on a MAN 19.372 FA was in service with the Weinfelden fire brigade from 1992 to 2021.

Geräte zur Verkehrsabsicherung, Kanalabdeckungen, Hebekissen, Feuerlöscher, Schaumausrüstung und Schlauchmaterial finden sich auf der linken Fahrzeugseite. (cdb)
Equipment for traffic safety, lifting bags, fire extinguishers, foam equipment and hoses can be found on the left side of the vehicle.

Hinter der Heckklappe steckt eine Normal-/Hochdruckpumpe von Godiva. Schnellangriffe von 90 Meter Länge auf beiden Seiten sind bei Schweizer Feuerwehren üblich. (cdb)
Behind the tailgate is a Godiva normal/high-pressure pump. Quick attacks of 90 metres on both sides are common in Swiss fire brigades.

Der zweite, für die Feuerwehr Lyss bei Brändle aufgebaute MAN 19.372 FA erhielt klappbare Trittstufen zum Einstieg in die Kabine. (klf)
The second MAN 19.372 FA built for Lyss fire brigade at Brändle was fitted with folding steps to enter the cab.

Die Feuerwehr Goldach erhielt 1994 das dritte und letzte Fahrzeug dieser Bauart, das Brändle baute. Im Gegensatz zu den beiden TLF hat dieses Fahrzeug keine Klappe sondern einen Rollladen im Heck. (rts)
In 1994, the Goldach fire brigade received the third and last vehicle of this type built by Brändle. In contrast to the other two appliances, this vehicle does not have a tailgate but a roller shutter in the rear.

Airport
Haßfurt - Schweinfurt
FLF 60/60
Feuerwehr
112
MAN

VON BREMEN NACH BAYERN: EIN BESONDERER MAN KAT I

Robust, geländegängig, einfach zu bedienen, zuverlässig. So stellen sich Flughafenfeuerwehren ihre Fahrzeuge vor. Und fragt man Streitkräfte, hört man dieselben Erwartungen an ihren Fuhrpark. Daher liegen bei manchen Flugfeldlöschfahrzeugen die Gene im Militärfahrzeugbau. Und genauso lief es in Bremen. Auf dem Flughafen stand die Ersatzbeschaffung von Einsatzfahrzeugen an. Was die Hersteller vorführten, erfüllte nicht alle technischen Anforderungen und passte nicht in den vorgegebenen Budgetrahmen. Da schritten die Bremer zum Eigenbau. Die Initiative ging vom Fuhrparkbetriebsleiter aus, der Berufserfahrung aus dem Fahrzeugbau mitbrachte und eine versierte betriebseigene Werkstatt einsetzen konnte. Ausgangspunkt für dieses Engagement war, dass man bei einem Fahrzeughändler Prototypen aus der Entwicklung der KAT I-Fahrzeuggeneration der Bundeswehr fand. Diese Fahrgestelle erfüllten die Erwartungen an die Geländegängigkeit auf vom Regen aufgeweichten Wiesen des Flughafenareals. Ergebnis des ersten Umbaus war 1984 dieses FLF 60/65-6. Bis 2002 folgten sieben Eigenbauten auf gebraucht erworbenen militärischen MAN-Fahrgestellen.

Die Bezeichnung KAT stammt aus dem militärischen Sprachgebrauch der Bundeswehr für Geländefahrklassen von Radfahrzeugen. Die mit KAT I bezeichneten Sonderfahrzeuge mussten höchsten Ansprüchen an die Mobilität genügen, um Kampfpanzer in die Gefechtszone zu folgen und sie mit Kraftstoffen und Munition zu versorgen. Als 1964 die Bundeswehr ihr Lastenheft vorlegte, stieß es bei der deutschen Nutzfahrzeugindustrie auf großes Interesse, schließlich ging es um etwa 8000 Fahrzeuge. Einige Firmen schlossen sich zu Entwicklungsgemeinschaften zusammen. Der Auftrag für eine zwei- bis vierachsige Fahrzeugfamilie von fünf bis zehn Tonnen Nutzlast ging an MAN als Generalauftragnehmer. Eingebaut waren luftgekühlte V8-Motoren von KHD, die Rahmen lieferte Rheinmetall. Garant für die hervorragenden Fahreigenschaften im Gelände war die Kombination aus verwindungssteifem Kastenrahmen, Schraubenfederung, Außenplanetenachsen und Einzelbereifung mit gleicher Spurbreite. Nicht unter dem Fahrersitz, wie bei Lastwagen üblich, sondern hinter der Kabine saß der 320 PS starke Motor mit dem Wandlerschaltgetriebe. Zugänglich war er für Wartungsarbeiten über seitliche Klappen und Öffnungen im Dach.

Der erste Bremer Eigenbau entstand zwischen 1982 und 1984 auf dem 4. Prototypen des MAN 7 t mil gl. Der 1974 zur Erprobung an die Bundeswehr gelieferte MAN ähnelte schon sehr der Serienausführung. Den Blechen am Fahrerhaus fehlen noch die Sicken. Der Mittelteil des Aufbaus besteht aus dem bei der Bremer Firma Bunge gefertigten Edelstahltank für 6500 Liter Wasser mit integriertem Behälter für 650 Liter Schaummittel. Angestrebt hatte man eine möglichst flache Bauform, um eine tiefe Schwerpunktlage für hohe Kurvenfahrgeschwindigkeiten zu erreichen. Alle weiteren Arbeiten erfolgten in eigener Werkstatt auf dem Flughafen. Quer im Heck sind der Pumpenmotor, ebenfalls ein V8-Motor von KHD und die Rosenbauer-Pumpe R600 eingebaut. Diese leistet 6000 l/min bei 10 bar und versorgt nicht nur den Dachwerfer von Rosenbauer. Der Frontwerfer auf der Stoßstange ist ein Eigenbau und im linken Geräteraum steckt eine Schnellangriffshaspel.

Im Sommer 2015 kam das in Bremen ausgemusterte FLF 60/65-6 zum Verkehrslandeplatz Haßfurt-Schweinfurt und blieb dort bis Oktober 2021. Dieser trägt die ICAO-Kennung EDQT und verfügt über eine 1043 Meter lange Runway. Dort lief es zusammen mit einem, von einer Freiwilligen Feuerwehr übernommenem TLF 16 auf Magirus-Deutz FM 170 D 11 FA.

Summary

When the Bundeswehr launched a tender for about 8000 high-capacity military trucks in the 1960s, companies joined forces to form development partnerships. The order for the KAT I family of vehicles with payloads of 5 to 10 tonnes went to MAN as general contractor. Air-cooled V8 engines from KHD were installed and the frames were supplied by Rheinmetall. The combination of a torsion-resistant box frame, coil suspension, planetary axles and single tyres with the same track width guaranteed excellent off-road driving characteristics.

Bremen Airport itself built seven ARFF vehicles and one skip-loader from 1982 to 2002 on second-hand test chassis of MAN KAT military vehicles. Over a period of two years, the FLF 60/65-5 was built on the 4th prototype of the MAN 7 t mil gl, which was from 1974. Above the rear axles is the tank made of stainless steel for 6500 litres of water with an integrated container for 650 litres of foam concentrate. The pump from Rosenbauer and her V8 engine from KHD are located in the rear. In the summer of 2015, the FLF 60/65-6, which had been taken out of service in Bremen, went to the the Haßfurt-Schweinfurt commercial airfield in Bavaria. It remained there until October 2021.

Kurz nach der Indienststellung entstand 1986 auf dem Bremer Flughafen das Foto, das die erste Bauversion des FLF 60/65-6 auf MAN 7 t mil gl 6x6 KAT I zeigt. (kmf)
Shortly after entering service, this photo was taken at Bremen airport in 1986, showing the first construction version of the FLF 60/65-6 on MAN 7 t mil gl 6x6 KAT I.

Der Werfer wird aus der Kabine vom Maschinisten bedient. Muss doch das Dach bestiegen werden, klappt beidseitig pneumatisch ein Geländer hoch. (kmf)
The operator operates the monitor from the cab. If the roof has to be climbed, a railing folds up pneumatically on both sides.

Wenige Jahre nach der Indienststellung erfolgte ein Umbau im Dachbereich. Eine seitliche Blende begrenzt aus Sicherheitsgründen die Dachfläche. (bki)
A few years after commissioning, the roof area was modified. A side screen limits the roof area for safety reasons.

Dieses Foto von 1997 zeigt den Umbau des Dachwerfers. Der Drehring sitzt nun an der Kabinenvorderkante, um einen steileren Arbeitswinkel zu erreichen. (ajo)
This photo from 1997 shows the conversion of the roof-mounted turret. The rotating ring now sits on the front edge of the cab to achieve a steeper working angle.

Von 2015 bis 2021 lief das FLF 60/65-5 auf dem Verkehrslandeplatz Haßfurt-Schweinfurt. (klf)
From 2015 to 2021, the FLF 60/65-5 served at the Haßfurt-Schweinfurt commercial airfield.

Das Fahrzeug ist für den Ein-Mann-Betrieb ausgelegt, was bei der geringen personellen Besetzung von kleinen Verkehrslandeplätzen sinnvoll ist. Seine Garage befand sich direkt unter dem Tower. (klf)
The vehicle is designed for one-man operation, which makes sense with the low staffing levels at small commercial airfields. The appliance room is located directly under the tower.

Aus dem militärischen Lastenheft stammen die abgeschrägten Fahrerhausecken in Anpassung an den Transport durch Bahntunnel sowie die senkrecht stehenden Scheiben zur Verminderung von Lichtreflexionen. Im Heck stecken der quer eingebaute Pumpenmotor, ein 200 PS starker luftgekühlter V8-Dieselmotor von KHD, und die Pumpe R 600 von Rosenbauer. (klf)

The bevelled cab corners, adapted for transport through railway tunnels, and the vertical windows to reduce light reflections, originate from the military specifications. The transversely mounted pump engine, a 200 hp air-cooled V8 diesel engine from KHD, and the R 600 pump from Rosenbauer are located in the rear.

Die militärische Anforderungen an das geländegängige Fahrgestell führten zum Einbau des Motors nicht unter sondern hinter dem Fahrerhaus. In der Gemeinschaftsentwicklung kam von KHD der 320 PS starke luftgekühlte V8-Motor. (klf)

The military requirements for the off-road chassis led to the installation of the engine not under but behind the driver's cab. In the joint development, the 320 hp air-cooled V8 engine came from KHD.

FEUERWEHRMUSEUM
BAYERN
52
SECURITE AEROPORT
MÜ 06112

PANTHER NR. 1 IM MUSEUM

Zum 125. Geburtstag beschenkte sich Rosenbauer selber mit der Weltpremiere des „Panther". Das war am 11. Oktober 1991. 30 Jahre später, am 22. Mai 2021, traf dieser Stammvater der äußerst erfolgreichen Baureihe im Feuerwehrmuseum Bayern in Waldkraiburg ein. Das liegt etwa 70 km östlich von München verkehrsgünstig erreichbar nahe der Autobahn A 94 München – Passau. Museumsleiter Alexander Süsse faszinierte das elegant zeitlose Design vom ersten Tag an und in enger Zusammenarbeit mit der Geschäftsführung der Rosenbauer Group gelang es ihm, den Panther als Industriedenkmal für die Nachwelt zu erhalten. Die Aufbaunummer beweist, dass es sich um die Nummer 1 handelt: X 600 001 R 1991. Den bestellte der Service de Sécurité de l'Aéroport International de Genève. Dort stand man neuer Technik sehr aufgeschlossen gegenüber und setzte großes Vertrauen in die Ingenieurskunst von MAN und Rosenbauer, denn zum Zeitpunkt der Beschaffung gab es nur eine Konstruktionszeichnung und ein Modell. Dieser allererste Panther zog 2009 innerhalb der Schweiz um auf den Flughafen Sion (Sitten) im Wallis.

Unter der Hülle des FLFA 12000 – so die Typbezeichnung von Rosenbauer – steckt das MAN-Chassis SX 36.1000 VFAEG. Dafür griff MAN ins Regal und passte das 15 t mil gl A1 BR-Fahrgestell an. Wie der Name sagt, war das mit 2,90 Metern überbreite Fahrgestell für militärische Anwendungen entwickelt worden. Es brachte alle Eigenschaften mit, die Flughafenfeuerwehren fordern, um auch abseits der Piste quer durch das Gelände schnell an die Unglücksstelle zu fahren. Der Kastenrahmen mit Rohrquerträgern war extrem verwindungssteif. Typisch für die SX-Baureihe waren die langhubigen Schraubenfedern. In Kombination mit Dreiecks- und Längslenkern erlauben sie eine schnelle Fahrt nicht nur in Kurven sondern auch im schweren Gelände. Hinter der Fahrerkabine sitzt der 1000 PS starke V12-Motor mit beeindruckenden 21,92 Litern Hubraum. Für sein enormes Drehmoment von 3500 Nm passte keines der im Nutzfahrzeugbau üblichen Automatikgetriebe. Aushelfen konnte die damals anteilig zum MAN-Konzern gehörende Augsburger Firma RENK als Spezialist für Getriebe von Kettenfahrzeugen. Wenn der 36 Tonnen schwere Panther im Alarmsprint aus der Halle startete, dann lagen nach 24 Sekunden schon 80 km/h an und bei 136 km/h war Schluss mit dem Vortrieb.

Die Form der mehrfach preisgekrönten, aus GFK geformten Hülle entstand an der Linzer Hochschule für Design unter der Leitung von Prof. Frenzl. Neben der Optik hatte das handfeste Vorteile. GFK spart Gewicht und erlaubte mehr Zuladung gegenüber dem bislang üblichen Blechkleid. Das bedeutete in diesem Fall 11.000 Liter Wasser, 2000 Liter Schaummittel und 500 kg Löschpulver. Und es ist noch ein zweiter Motor von MAN eingebaut. Dessen 311 PS treiben die Pumpe vom Typ R 600-N2 an. Sie leistet 6000 l/min bei 12 bar. Nicht nur das Äußere hob sich von allem ab, was bis dahin die Produktionshallen verlassen hatte. Auch den Innenraum hatte die Feuerwehrwelt bislang so noch nicht gesehen. Im Armaturenbrett steckte ein Bildschirm, über den die Pumpenanlage, das Schaumzumischsystem, die Umfeldbeleuchtung und das Blaulicht gesteuert sowie verschiedene Parameter wie Tankinhalt und Stellung der Absperrventile angezeigt werden. Möglich machte das der erstmalige Einbau einer Steuerungselektronik auf SPS-Basis.

Insgesamt 165 dieser Chassis lieferte MAN von 1991 bis 2007 an vier Aufbauhersteller und galt einige Jahre lang als Weltmarktführer für diese Spezialfahrgestelle. Die meisten – nämlich 105 – erhielt Rosenbauer für den Panther. Sie laufen auf Flughäfen in Europa, Asien und Afrika. Diese Nummer 1 unterscheidet sich in einigen Details von allen anderen Panthern, wie die Detailfotos zeigen.

Summary

For its 125th birthday, Rosenbauer gave itself a present with the World premiere of the "Panther". That was on 11 October 1991. 30 years later, on 22 May 2021, this progenitor of the extremely successful series arrived at the Bavarian Fire Brigade Museum in Waldkraiburg (Germany). The MAN SX 36.1000

VFAEG chassis is a civilian adaptation of a 2.90 metre wide military chassis. Its torsion-resistant box frame and long-stroke coil springs ensure excellent driving conditions in curves and off-road. Behind the driver's cabin sits the 1000 hp V12 engine with a displacement of 21.92 litres. To cope with the torque of 3500 Nm, Renk supplied the transmission. Renk usually equips tanks. In the turn out sprint, 80 km/h was indicated after 24 seconds and the top speed was 136 km/h. MAN supplied 165 chassis to four superstructure manufacturers between 1991 and 2007 and was considered the world market leader for some years. Rosenbauer received the most - namely 105 - for the Panther. They operate at airports in Europe, Asia and Africa. The designer-planned GRP shell saves weight and allowed more payload than the previously common sheet metal shell. In this case, that meant 11,000 litres of water, 2,000 litres of foam agent and 500 kg of extinguishing powder. A second MAN engine of 311 hp drives the pump, which delivers 6000 l/min.

Die GFK-Hülle des Panther formten Designer. Die roten Radkappen und die aerodynamischen Seitenspiegel im Sportwagendesign trug er nur zur Präsentation. (rbi)
The GRP shell of the Panther was shaped by designers. The red hubcaps and the aerodynamic side mirrors in sports car design were only worn for the presentation.

Im Heck liegen zwei Geräteräume, die nach oben und nach unten schwenkende Klappen verschließen. (rbi)
In the rear are two equipment compartments, which are closed by flaps that swing up and down.

30 Jahre später bei der Ankunft im Museum sind die originalen, in die Karosserieform eingepassten Rückleuchten des Prototypen nicht mehr vorhanden. (klf)
30 years later, on arrival at the museum, the prototype's original tail lights, fitted into the body shape, are no longer present.

Der Flughafen Genf baute seine Panther Flotte auf MAN SX 36.1000 zügig auf. Ganz links steht der erste. (thb)
Geneva Airport rapidly built up its Panther fleet on MAN SX 36.1000. The first one is on the far left.

Von 1992 bis 2009 stand der erste Panther auf dem Flughafen von Genf im Einsatz. Er hatte 11.000 Liter Wasser, 2000 Liter Schaummittel und 500 kg Pulver dabei. (klf)
From 1992 to 2009, the first Panther was in service at Geneva Airport. It carried 11,000 litres of water, 2,000 litres of foam agent and 500 kg of powder.

Der zweite Einsatzort hieß Sion (Sitten) im Schweizer Wallis. Dort blieb er bis Ende 2020 im Dienst. Der Dachmonitor leistete 6000 l/min, der Frontwerfer 2500 l/min. (ers)
The second place to serve was Sion (Sitten) in the Swiss Valais. It remained in service there until the end of 2020. The roof monitor provided 6000 l/min, the front monitor 2500 l/min.

Das Design war so zeitlos modern, dass man diesen im Jahr 2003 gebauten Panther nur an kleinen Details von der Nummer 1 unterscheiden kann. (klf)
The design was so timelessly modern that this Panther, built in 2003, can only be distinguished from the number 1 by small details.

Im Mai 2021 traf der allererste gebaute Panther im Feuerwehrmuseum Bayern in Waldkraiburg ein. Mit seiner Größe von 11 Meter Länge und 3 Meter Breite fällt er sofort auf in der Ausstellung. (klf)
In May 2021, the very first Panther built arrived at the Bavarian Fire Brigade Museum in Waldkraiburg. With its size of 11 metres in length and 3 metres in width, it immediately stands out in the exhibition.

An Details erkennt man den Prototypen: Zum einen ist es die Türe, die im unteren Bereich um die Karosserieform umgebörtelt ist. In der Serie passt die Türe in einen umlaufenden Rahmen. (klf)
You can recognise the prototype from the details: One is the door, which is curved around the body shape in the lower section. In series production, the door fits into a circumferential frame.

Zum anderen sieht man an der seitlichen Klappe Griffmulden, weil diese nach unten abklappt. In der Serie schwenkt sie nach oben. Zudem waren ab dem zweiten Panther die Wasserstandsleuchten größer und farblich markanter. (klf)
Alternatly, you can see recessed handles on the side locker door because it folds down. In the series, it swings upwards. In addition, from the second Panther onwards, the water level lights were larger and more distinctive in colour.

Kleiner Auszug aus unserem Programm

Die spannende Geschichte der Tauernbahn. Die Strecke, die Bahnhöfe, die Lokomotiven, die Züge und die unbeschreiblich schöne Landschaft.

176 Seiten, 480 Bilder, 28 x 21 cm
Festeinband, ISBN 9783751610346
EUR 29,90 Bestellnummer **1034**

Schiffsbau, Lübecker Radlader, Schwimmkrane, Bordkrane, Autokrane, Bundeswehrautokrane, Autobagger, Hydraulikbagger mit Kranausrüstung.

184 Seiten, 540 Bilder, 28 x 22 cm
Festeinband, ISBN 9783861339892
EUR 29,90 Bestellnummer **989**

Spannende Einsätze namhafter und weniger bekannter Unternehmen aus Deutschland und anderen Ländern – aus jüngster Zeit und früheren Jahrzehnten.

240 Seiten, 660 Bilder, 28 x 21 cm
Festeinband, ISBN 9783751610131
EUR 39,90 Bestellnummer **1013**

Bildergalerie von MAN-Feuerwehrfahrzeugen seit 2015, Einsatzfahrzeuge auf MAN TGE, MAN bei Feuerwehren in Neuseeland und anderes.

160 Seiten, 480 Bilder, 28 x 22 cm
Broschur, ISBN 9783861339670
EUR 16,90 Bestellnummer **967**

Josef Klug und sein Team präsentieren alle Einsatzfahrzeuge der Feuerwehr Nürnberg von den Anfängen bis zu den hochmodernen von heute.

220 Seiten, 580 Bilder, 28 x 21 cm
Festeinband, ISBN 9783861339441
EUR 39,90 Bestellnummer **944**

Die Fahrzeuge der Werkfeuerwehren von AEG, Bosch, Grundig, MAN, Siemens, Triumph, Quelle, der Post und der Bahn, der US-Army, des Flughafens und andere.

220 Seiten, 590 Bilder, 28 x 21 cm
Festeinband, ISBN 9783861339847
EUR 39,90 Bestellnummer **984**

Fordern Sie unser umfangreiches, kostenloses Gesamtverzeichnis an:

Verlag Podszun Motorbücher GmbH, Elisabethstraße 23-25, 59929 Brilon
Telefon: 02961-53213, Email: info@podszun-verlag.de, Webshop: www.podszun-verlag.de

Die aktuellen Fahrzeuge der Berufsfeuerwehr und der Freiwilligen Feuerwehren in München. Viele Sonder- und Spezialfahrzeuge und anderes.

240 Seiten, 580 Bilder, 28 x 22 cm
Festeinband, ISBN 9783751610278
EUR 39,90 Bestellnummer **1027**

Die Schwerlastgruppe der DB ist für besonders schwere Transporte auf der Schiene und der Straße bekannt. Der Werdegang von den Anfängen bis heute.

224 Seiten, 600 Bilder, 21 x 15 cm
Festeinband, ISBN 9783751610315
EUR 39,90 Bestellnummer **1031**

Aufwändig recherchiertes und akribisch bearbeitetes Werk: Die überaus interessante Geschichte des traditionsreichen deutschen Straßenwalzenherstellers.

240 Seiten, 600 Bilder, 28 x 21 cm
Festeinband, ISBN 9783751610292
EUR 39,90 Bestellnummer **1029**

Die Baureihen vom kleinsten Schmalspurtraktor bis zum 1100 Vario MT mit 673 PS. Daten, Fakten, Erläuterungen und spannende Einsatzfotos.

136 Seiten, 280 Bilder, 28 x 21 cm
Festeinband, ISBN 9783751610339
EUR 29,90 Bestellnummer **1033**

Die MAN-Einsatzfahrzeuge ab 1915 bis zur F2000-Baureihe, Hauber, Frontlenker, die Neue Mittlere Reihe, Berliner Prototypen und vieles andere.

256 Seiten, 435 Bilder, 28 x 21 cm
Festeinband, ISBN 9783861338581
EUR 39,90 Bestellnummer **858**

Baureihen TGL, TGM, TGA, TGS, TGX, KAT, LX und SX, Omnibusse, MAN bei denMilitärfeuerwehren, MAN bei der Bundespolizei und anderes.

256 Seiten, 390 Bilder, 28 x 21 cm
Festeinband, ISBN 9783861338727
EUR 39,90 Bestellnummer **872**

Die Freiwillige Feuerwehr Otterfing stellte im Sommer 2021 ein TLF 3000 St auf MAN TGM 13.290 4x4 BL in Euro 6-Ausführung in Dienst. Im Aufbau von Rosenbauer sind Löschmittelbehälter für 4000 Liter Wasser und 125 Liter Schaummittel. (klf)

In summer 2021, the Otterfing volunteer fire brigade put a TLF 3000 St on a MAN TGM 13.290 4x4 BL in Euro 6 design into service. The Rosenbauer super-structure contains tanks for 4000 litres of water and 125 litres of foam agent.